増補改訂

遺伝子組み換え食品

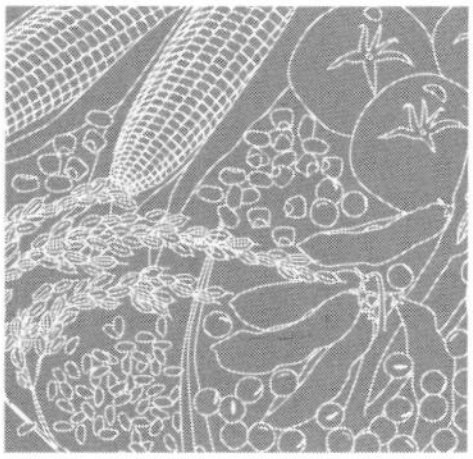

天笠啓祐

緑風出版

まえがき

いま、日本には北米大陸を中心に、世界各地から食糧が流れ込んできている。穀物・野菜・加工食品などのほかに、珍しいものも少なくない。それらが飽食の時代をつくりあげている。食べられないまま捨てられ、ゴミとなる量も莫大である。飽食の背後には飢餓がある。

私たちが、ありあまる食べ物を目の前に置くことができるのは、〝経済大国〟だからだ。それは第三世界の人々が口にするものを奪って成り立っている。だが、飢餓は第三世界の今日の問題ではなく、明日の私たちの問題でもあるのだ。

日本の工業生産力は、農業を破壊し、農家に矛盾をしわ寄せして大きくなってきた。いま日本の農業は、コメの全面自由化を目前に、風前の灯の状態である。衣食足りて礼節を知る、というのは嘘だった。私たちは飽食の中で、すっかり物事を見る目を失ってしまった。

食べ物の質も変わってきた。食料生産での企業支配が強まり、食べ物の化学汚染と人工化が進んだ。輸送距離が伸びればそれに比例して、栄養の少ない、汚染のひどい食べものが食卓に上がってくることになる。それにとどめを刺す形で、バイオ食品が登場した。

農業などの一次産業が衰えると、環境破壊も進行する。環境破壊は一次産業の切り捨てによって起きてきた。しかもその破壊は、地域レベルから、一国レベルに、さらには地球規模へと拡大してしまった。

なぜこんな状況になってしまったのか。歴史的経過をたどりながら、その仕組みを明らかにしようとしたのが、第一部である。その仕組みをもとに、明日の日本の食卓がどうなるのか？　遺伝子組み換え食品の登場によって大きく変わろうとしている、現状と将来について第二部で展開した。

なお、本文中の敬称は略させていただいた。

増補改訂　遺伝子組み換え食品／目次

まえがき　1

第一部　食糧危機の構造　9

第二部・遺伝子組み換え食品　169

第一部　食糧危機の構造

第一章　アグリビジネスの世界戦略

アグリビジネスのスタート

本格的なアグリビジネス（農業に関する企業）は、十九世紀末のアメリカの砂糖資本やバナナ資本が、中南米を中心に巨大な農園を経営し始めたことがその誕生とされている。アグリビジネスの誕生は、食糧を商品にしただけでなく、戦略物資に変えていった。やがて、世界の人々の食生活までも大きく変貌させていくことになる。

アグリビジネスの成立のひとつの例をキューバの砂糖農園にみることができる。まだスペインの支配下にあった十九世紀中頃、キューバには約二、〇〇〇の砂糖農園があり、五五万もの黒人労働者が、奴隷状態で働いていた。そこでの砂糖の生産量は、実に世界全体の三分の一まで達していた。

一八九八年に始まったアメリカ・スペイン間の戦争が状況を一変させた。

このアメリカとスペインの間の戦いは、主にカリブ海とフィリピンで行われた。スペインの軍隊や植民地政府と戦うにさいしてアメリカは、最初、植民地解放の軍隊としてふるまうことで民衆の支持を得ていった。人々は植民地支配から解放されると信じ、アメリカの軍隊を歓迎した。しかし、その期待はものの見事に裏切られるのである。

アメリカとスペインの戦争が終わりパリ講和条約が結ばれた。この講和条約でフィリピンは、二〇〇〇万ドルのカネでスペインからアメリカへ売り渡された。キューバも、キューバ人を排除して講和条約が結ばれるのである。

キューバには新しい憲法がつくられた。その憲法は、アメリカ憲法をモデルにした画期的な内容をもつものだった。だが、画期的なのはそこまでで、憲法よりも効力をもつ〝プラット修正〟と呼ばれるものがつけ加えられた。このプラット修正は八項目に及ぶアメリカの特権を認めたものので、これによってキューバは事実上、アメリカの植民地となるのである。このプラット修正は、一九五九年のキューバ革命の日まで、生きつづけた。

状況は変わった。だがそれは支配する側だけのことであった。人々の眼からみれば、支配者が変わったにすぎなかった。しかもアメリカの企業が進出してきて、人々の労働や生活は、以前の奴隷状態のときよりも、もっと悪い状態がつくられていったのである。こうした犠牲の上にアメリカ砂糖資本の大きな基礎がつくられていった。

砂糖資本と並んでアグリビジネスとして強い基盤を築いたのがバナナ資本である。その代表的企業であるユナイテッド・フルーツ社は、中南米を中心にフィリピンにも進出、一大バナナ帝国を築いた。同社は現地の住民に過酷な労働を強いたことで名高い。同社の支配下にあったカリブの黒人の間から有名な〝バナナ・ボート〟の哀しい調べが生まれた。

海外への進出をアグリビジネス誕生のひとつの柱とすると、もうひとつの柱が〝世界のパンかご〟と呼ばれるアメリカ合衆国内の豊かな食糧生産力を背景としたアグリビジネスの誕生である。

穀物メジャーの基礎

十九世紀、アメリカ合衆国には、何人かの穀物王と呼ばれる人々が生まれていった。そのひとりカリフォルニアのアイザック・フリードランダーは、小麦を船で運搬する輸送業者であった。合衆国中央部にいたウイル・カーギルは倉庫業者であった。つまり流通部門を支配することによって巨大な資本を蓄積したのである。

ウイル・カーギルは父の農場で働いていたときに、穀物倉庫の買収を始めた。時代が彼に味方した。一八七三年にアメリカを襲った恐慌で多くの倉庫業者が破産する中で、カーギルはタダ同然で、彼等の倉庫を買いとっていった。だが何といってもカーギルをのし上がらせた最大の力は、鉄道会社を味方につけ、輸送を確保したことによって築かれた。

当時、カーギルと同様、倉庫を支配することから穀物王にのし上がった人物がほかにも何人かいた。また、製粉業者の間にも、莫大な資本を蓄積する人物が何人か現れた。いずれも、実際に小麦をつくる農家を踏み台にして、のし上がっていったのである。

つくらないことが、これらの人々の最大の強みであった。つまり、農産物価格の変動や作物の出来、不出来のリスクを、すべてつくる人々に負わせることができるからである。

こうして穀物市場が少数の人たちによって支配されるようになっていったのである。少数者が支配することで、穀物価格が人為的に操作されるようになり、その操作によってぼろもうけをする人物も登場してきた。

他方で、泥でつくった家に住み、ゼロから出発して広大な草原を開拓し、自然との闘いの中でやっと作物が収穫できるようになった農家は、気がつけば新しい形の隷属状態に陥っていたのである。

アメリカ国内でスタートし、資本を蓄積した企業だけがアメリカの穀物を支配していったわけではない。いくつものヨーロッパの穀物企業が、アメリカの豊かな生産力に目をつけ、進出をはかった。その代表的な人物がジュールとルネのフリブール兄弟であった。彼らは一九二一年にベルギーからフランスに進出してコンチネンタル社をつくったが、その同じ年にシカゴにも事務所を開設した。このシカゴの事務所を活動の拠点に、徐々に活動の範囲を広げ、やがてカーギルに

ニューオーリンズ港にあるターミナルエレベータ（小若順一氏提供）

つぐナンバー2の地位にまで達するのである。コンチネンタル社以外にも、今日の穀物メジャーを形成するヨーロッパ企業が同じ頃、アメリカに相次いで事務所を設けた。

一方カーギル社は、一時破産状態に陥り、カーギル家からマクミラン家へと支配権が移行していった。その結果、一時は存続すら危ぶまれた状況から立ち直り、穀物流通のための倉庫などの貯蔵施設を充実させていった。コンチネンタル社もまた貯蔵施設を充実させることに全力を投球した。この戦略が成功、企業の足腰がつくられ、その後の発展の基盤となったのである。

食糧援助――余剰穀物のはけ口

第二次大戦中、アメリカ合衆国内は工業生産物を中心に戦争特需にわき、好景気が続いた。農業生産物においても、余剰穀物を中心に連合国各国へと流れていった。この流れは戦争直後もつづいた。ヨーロッパの農業は荒廃していた。一九四五〜四九年の間、アメリカは世界の小麦取引の二分の一を供給していた。だが、この援助の主役はメジャーではなく政府であった。

政府からメジャーへ移行したのが一九五四年であった。この年成立したPL（公法）四八〇号、農業貿易促進援助法は、余剰穀物の新しい売りこみ方をもたらした。なぜ新しい売りこみ方が求められたかというと、第二次大戦後のERP（ヨーロッパ復興計画）の一環として進められていたヨーロッパへの食糧援助が一段落し、次に取り組まれた朝鮮戦争にともなう食糧援助も終結し、これまでの政府主導の自国内の余剰穀物のはけ口の求め方では限界に達していたからである。

新しいはけ口を求めて必要に迫られてつくられたのが、このPL四八〇号であった。アメリカ政府は、自国の農家から小麦などを買い上げ、援助国へ提供するのだが、それを穀物メジャーが代行した。政府主導からメジャー主導へと移行したのである。

援助される側からしてみれば、きわめてめぐまれた条件、低利で、長期の返済で、しかもドルではなく現地通貨での支払いで、アメリカの農産物を買うことができた。しかし、このめぐまれた条件がわざわいした。援助された国々の人々の食生活は、パン食の普及をともなって、食糧の中心部分を圧倒的にアメリカへ依存する体質へと変貌をとげたのである。つまり、農業の自立を奪われていったのである。本来ならば援助をもはや必要としないはずの段階に達しても、アメリカから小麦などを買いつづけるという仕組みが定着した。

この食糧援助の新しい段階で、カーギル社は、リスクのない取引をすることができ、大きな利潤を上げ、世界最大の穀物メジャーとして、不動の地位を確立したのである。

日本にも、一九五〇年から朝鮮戦争にともなう援助にからんで、アメリカから小麦が入り始め、パン給食が始まった。コッペパンに脱脂粉乳を加えた給食は、ＰＬ四八〇号に対応して五四年に制定された学校給食法によって、全国に広がった。ＰＬ四八〇号によるアメリカからの小麦受け入れは、五四、五五年のわずか二年で終わるが、パン給食の方はすっかり定着してしまい、各家庭でのパン食の普及とともに、アメリカから小麦を買い入れる仕組みがつくられたのである。

また、安い小麦がアメリカから大量に入ったことで、日本農業のひとつの柱であった裏作が、完全に崩壊していくのである。

変質した食糧援助

小麦につづいて、アメリカ国内で余って仕方なかったのがコーンであった。とくに一九六〇年代初めのハイブリッド・コーンの登場は決定的だった。ただでさえ余って在庫が増えていたところに、高収量品種が登場し、それに機械化の進展と耕地面積の拡大が相乗効果となって、余剰に拍車をかけた。穀物メジャーと政府は、在庫のはけ口を輸出拡大に求めた。

こうして飼料用穀物としてのコーンの売り込みが始まっていった。一九六一年にケネディ政権が誕生するや、その輸出拡大攻勢はとくに強まった。売り込みの主体は、メジャーが中心となって一九六〇年につくられたアメリカ飼料穀物協会であった。その協会が目標とした最初のターゲットが日本市場であった。

飼料用穀物の需要を日本でどのようにつくっていったらよいか。それは畜産を振興し、肉食を普及することである。この路線は、農村から工業のための労働力を引き抜きたいと考えていた日本の政府・産業界の思惑と一致した。そして一九六一年の農業基本法の制定という決定的な事態を迎えるのである。

一九六一年以降の基本法農政が打ち出した畜産振興の背景にはこのような穀物戦略があった。六一年は、小麦の次はコーンといった形で、穀物メジャーの世界戦略の中に日本農業が組み入れられた年であった。

第二章　緑の革命から〝食糧危機〟

「緑の革命」――高収量実験始まる

食糧援助と並んで、世界の食糧生産を大きく変えたのが、「緑の革命」だった。第二次大戦中「緑の革命」の実験がスタートした。これはアメリカの巨大財閥のひとつロックフェラー財団が取り組んだ新分野開拓事業だった。高収量の種子を開発し、その権利をもつものが、将来、世界の食糧を支配する。このロックフェラー財団の見通しは、やがて、ものの見事に現実化していく。

その画期的種子開発のための取り組みが「緑の革命」だった。最初の実験はメキシコで行われた。

一九四一年、メキシコ政府とロックフェラー財団は、共同で実験に取り組むこととなった。ノーマン・ボーローグなどを中心とする研究チームは、メキシコ北部のソノラ州シュダード・オブレゴンを中心とする地域で、二倍以上の増産をもたらす新しい小麦の品種開発を進めた。この実験は成功した。だがその成功には、多くの前提条件が必要だった。

実験を行ったメキシコ北部は、少数の土地所有者が支配する地域だった。しかも実験に使われた土地は、先住民が奴隷労働者となり、その血と汗の犠牲の上に開拓されたところだった。潅漑施設も彼らの労働によってつくられていた。

限られた種を大量につくる方法は、作物を大変弱くするとともに、病害虫などによる被害もたちどころに広がる恐れが強いものである。そのため農薬を多量に散布することになるのだが、その農薬に対してメキシコ政府が助成金を出していた。

このような前提条件があって、はじめて高収量の小麦の新品種が開発できたのである。この改良品種は、インド、パキスタン、アルゼンチン、トルコなどに売りこまれていった。

小麦と並んでコーンの新品種開発が進められた。その結果、一九六〇年代までには、三倍の収穫が可能な小麦、二倍の収穫が可能なコーンの開発に成功した。

「緑の革命」は、小麦やコーンだけにとどまらなかった。メキシコでの成果をもとに、一九六二年にはフィリピンに国際稲研究所（ＩＲＲＩ）がつくられた。この研究所もまた、ロックフェラー財団とフォード財団という、アメリカを代表する財閥によってつくられ、稲の高収量品種の実験が行われた。

ここで開発された新品種は、フィリピンはもとより、インドやパキスタンなどにも売りこまれていった。緑の革命にかかわった技術者たちは、これによって地球から飢餓がなくせると思った。だが、その思いはやがて、ものの見事に裏切られていくのである。

両財団が行ったことは、それだけにとどまらなかった。

一九五三年、ロックフェラー財団は、アメリカ農業開発協会を通じて「緑の革命」の推進のためにインド人農業技術者の養成を始めている。さらには五九年に、フォード財団は、農業技術に関する専門家をインドに送りこみ「緑の革命」を推し進めようとした。〝上からの革命〟の推進である。

農業をカネのかかるものに

高収量品種は、アグリビジネスに新しいもうけ口をつくった。それは第一に種子そのものが商売になった。その商売を保護するために、一九六一年、ＵＰＯＶ（植物の新品種保護に関する国際条約）が締結された。それまで作物の品種の保護に関しては、アメリカの植物特許法（一九三〇年）があるくらいだった。

ＵＰＯＶの母体は、一九三八年にヨーロッパでつくられた「国際植物品種保護育種者協会」で、その協会が働きかけて一九五七年に、パリで最初の国際会議が開かれた。これがＵＰＯＶ結成への道を開いたのである。

新品種開発が企業の成果に負うところとなり、商売になったことで、はじめて「保護」という問題が出てきたのである。この問題はやがてバイオテクノロジー開発とからみ、知的所有権の保護か遺伝子資源の保護か、という南北間の紛争へと発展していくのである。そのことは、後でまたふれよう。

だがアグリビジネスがもうけたのは、それだけではなかった。高収量品種は、収穫を増やしただけでなく、食糧生産の方法も変えてしまった。大規模な潅漑が必要であり、大型機械や、大量の化学肥料・農薬が必要であった。すっかりカネのかかる農業に変えてしまった。その結果、アグリビジネスは、さまざまなもうけ方ができるようになり、食糧をトータルとして大変うまみのある商売にしてしまったのである。

こうしたカネのかかる農業は、大地主にとっては有利であったが、小規模な形で営んできた農家にとっては、割のあわないものだった。

こうして、投資能力のない小規模農家が没落していった。それは、大地主への土地の集中化を加速したのである。

一九七五年、Ｆ・Ｍ・ラッペとＪ・コリンズは、第三世界の問題に取り組むために食糧開発政策研究所（ＩＦＤＰ）を設立した。その精力的な活動は、彼らの調査報告の中にみられるが、な

エジプトにて

かでも翻訳された『世界飢餓の構造』（三一書房刊）は、豊富な資料に裏づけられた、すぐれたレポートとなっている。

そのレポートによると、中米では一九六〇年以降、土地をもたない人口が四倍に膨れあがったという。また二〇ヵ国におよぶ第三世界の国々で、農村人口の過半数の人々が、家族を養うのに必要を手段を奪われ、実質上土地なき民となっていった、という。

没落した小作農の多くは、大地主の下で働くか、都市へ流れ出るしかなく、その結果、都市の人口集中、スラムの形成へと向かったのである。

第三世界の都市では、多くの人々が普通の家に住めず、不法に家を建てたり、占拠したり、あるいはスラムを形成したりした。トルコではこのような建物をゲジェコンドゥと呼ぶ。すなわち一夜のうちに建った家という意味である。

そのスラムがつくられる地区は、多くの場合、とても人が住む環境にはなかった。急斜面とか冠水地帯、ゴミ捨場とか危険な工場の隣といった、人が住めないところだからこそ、スラムが形成された。バングラデシュの首都ダッカのスラムは、湿地帯の上に広がっていた。ペルーの首都リマでは、山の上に向かっていた。

さらには住居をもてない「路上生活者」も多数いる。インドは、この路上生活者が多いことで知られている。異常寒波やサイクロンが襲ったときに、まっ先に犠牲になるのはこの家をもてない人々である。

飢餓への道

「緑の革命」は導入された国々に、さらにもうひとつ大きな変化をもたらした。それは例えば小麦の新品種が導入されることによって、旧来の小麦生産ばかりでなく、他の作物も駆逐されてしまったことである。とくにその地域に根づいていた伝統的な作物が駆逐されてしまった。伝統的な作物にかわって小麦ばかりがつくられれば、必然的にその国の食主活も大きく変わる。

アフリカのサハラより南では、キャッサバやアワなどの食べものがどんどん駆逐され、それまで都市に住むわずかの人しか食べていなかったパンが、広がっていった。

多種類のものを少量ずつつくっていた伝統的農業が崩壊し、単一のものを多量に作る大地主による近代化農業が広がれば広がるほど、農業そのものがコストのかかるものになっていった。それは結局、大地主の農業もコストがかかるものになり、彼らもまた経営費の圧迫に苦しむようになったのである。それを補ったのは、大地主がもつ農地が、めぐまれたところにあることと、彼らがもつ政治力の強さにあった。政府に働きかけて優遇措置をとらせたのである。

農業が金のかかるものになった結果、投資能力のない小規模農家が、やはり没落し、このことも大地主への土地の集中を早めた。

大地主へ土地が集中すればするほど、彼らの政治力も強くなっていった。政治力が強くなることで、政府を動かすと同時に、先進国の企業と結びつきを深めていった。大地主と先進国のアグリビジネスは次に、共同して換金できる輸出用作物づくりに取り組み始めた。

第三世界の豊かな農地は、こうして換金作物と「緑の革命」の新品種によって占拠されてしまった。昔ながらの食物は消えてなくなり、一般の人々が口にするものといったら、「緑の革命」の収穫物か、輸入してきた穀物になってしまったのである。輸入穀物は、換金作物を売ってドルを稼ぎ、そのドルでアメリカから小麦を買う、というパターンが増えた。

この仕組みが、第三世界の累積債務と結びついたとき、飢餓が一挙に広がった。換金作物が増大し、自国の豊かな土地でつくられる作物が、自国の人々の口に入るためのものでなくなったからだ。換金して得たドルは借金の返済にあてられた。穀物の輸入も減少してしまった。この問題はまた、後でふれよう。

食糧援助に翻弄されたインド

「緑の革命」と食糧援助の両方によって、翻弄された国がインドだった。一九六五年から六六年にかけて、インドはかんばつにおそわれた。スーザン・ジョージは『なぜ世界の半分が飢えるのか』(朝日新聞社刊)の中で、このときの状況を次のように述べている。

インドはそのかんばつの時、アメリカからの食糧援助に頼らざるを得なかった。援助のさいアメリカ政府と世界銀行は圧力をかけた。その圧力とは、「投資一般、とくにインドの肥料産業経営に関して、アメリカの私企業に大幅な自由を与えることであった」という。その結果、アメリカの企業はインドで「価格、利益マージンを決定でき、配給ルートを支配し得たことであった」。アグリビジネスが力を強めていく時の典型的なパターンである。

ＰＬ四八〇号（農業貿易促進援助法）は、後に「平和のための食糧計画」と呼ばれるようになっていった。だが、〝平和〟という名前で行われることほど恐いものはない。

ケネディが暗殺された後、副大統領から昇格したジョンソン大統領は、ベトナム戦争で、その「平和のための食糧計画」を戦争の武器にした。ジョンソンは一九六六年に法案を修正、米軍のベトナム侵略への批判を封じるために、北ベトナムやキューバと貿易を行っている国々には、援助をしない、としたのである。

年々悪化の一途をたどっているベトナム戦争に対する評価を、一挙にくつがえそうとしたのである。そして、北ベトナムやキューバと友好関係にあったエジプトやインドなどに対して、「平和のための食糧」援助を突然打ち切ったのである。インドは、再びアメリカの食糧戦略によって翻弄された。

ジョンソン大統領は、一九六六年の法案修正で、さらにもうひとつの大きな修正を行っている。現地通貨での取引を、ドル建てに切り換えるというものだった。それまでの現地通貨の取引は、一見援助される側にとって有利であるかのようにみえる。しかし、アグリビジネスは、稼いだ現地通貨で現地に工場を建てたり、アメリカの農産物や多収穫品種を売りこむ設備をつくるなど、足がかりを着々と築いていったのである。

その足場が構築された段階で、ドル建てへの切り換えがはかられたのである。それは同時に、徐々に権威が失墜しつつあるドルへの、失地回復のためのテコ入れでもあった。

ＰＬ四八〇号援助自体も、もはや役割を終えつつあった。援助から商業ベースへと移行し、一九七〇年代初めには、ほとんどが商取引になっていた。

その時点で、世界の食糧問題を大きく転換させる方針が出されるのである。

一九七〇年、アメリカで「七〇年農業法」が制定された。翌七一年にはカーギル社の副社長ウイリアム・ピアスによって「ウイリアムズ報告」が作成された。

この両者は、失われたドルの威信、アメリカの権威を、食糧戦略の転換によって回復しようというものだった。

アメリカの食糧戦略の転換

アメリカは、ベトナム戦争での敗北が決定的となり、国の内外で政治的にも、経済的にも追いつめられていた。ベトナム反戦運動は、国際化していた。アメリカン・ドリームの終焉が誰の眼にも明らかになっていた。一九七一年、ニクソン政権は、ドルと金のリンクを断ち切った。この

〝ドルショック〟は、アメリカを絶対的中心においていた戦後経済が、ひとつの過渡期にさしかかったことを象徴していた。

七〇年農業法は、従来の保護のやり方をやめ、自由貿易に耐えられる食糧生産体制をつくろうというものだった。

それまでは作物ごとに作付面積が割り当てられ、それを守った農家の生産物の価格を支持するという保護政策をとっていた。その作物ごとの割り当てをやめ、ある割合を休耕することを条件に、作物を自由につくってもいいとしたのである。政府は農業生産への関与を減らすとともに、余剰生産物の量も減らそうとした。それと同時に、保護をはずすことで、市場を睨んだ売れる商品づくりに転換をはかれと農家に強制したのだった。つまり国内の農業を、自由市場をにらんで転換をはかろうとした。

ウイリアムズ報告は、農産物貿易の自由化を打ち出したものだった。それは、これまでの援助を軸に据えてきた食糧戦略が過渡期にさしかかったこと、それまでの第三世界を中心にした対象を、先進国に向けるべき時期にきたことを意味した。この路線をめぐり、農産物を工業製品と同様に扱うべきだとするアメリカと、区別して扱うべきだとするEC、日本との間で、その後ずっと対立がつづくのである。対立は、世界に冠たるアメリカ経済の地位が、EC、日本の追い上げによって相対的に低下すればするほど、激化していった。

戦略転換にはずみをつけたのが、一九七二年に起きた〝食糧危機〟であった。同年、凶作に陥ったソ連が、アメリカから大量に穀物を買い付けた。初めての出来事だった。しかもこれ以降、ソ連・東欧がアメリカから穀物を輸入する体制がつくられていったのである。

この年にいたるまで、対共産圏への穀物輸出は禁止されていた。しかし前年のウイリアムズ報告を受けた形で、穀物輸出解除の下地はすでにつくられていた。しかも一九七一年七月にはキッシンジャーが秘密裡に訪中、ニクソン訪中を決めてくるという離れわざまで演じ、対共産圏への戦略転換がはかられつつあった。

ただ、その戦略転換がスムーズにいったかというと、そうでもなかった。ソ連への穀物輸出に輸出補助金を出すかどうかという問題がクローズアップされたからである。当時、国際的には小麦価格が暴落しており、国際競争に打ち勝ち、輸出を拡大するためには輸出補助金でカヴァーするというやり方がとられていた。

対共産圏への輸出にも輸出補助金という形で国庫から金を出すかどうかでもめた。やっとのことでアメリカ政府は、補助金支出を認め、ソ連への穀物輸出がスタートしたのである。一九七二年だけで、アメリカがソ連に売り込んだ穀物は一、九〇〇万トン、一一億ドルに達した。中国もまた五三〇万トンをアメリカとカナダから買い付けた。

世界の小麦貿易量の三割に達するこの大量買い付けがきっかけとなって、穀物の価格は急騰、アメリカ政府が抱えていた過剰在庫も一掃され、その結果、穀物の輸出補助金も必要なくなり、市場は自由化へ向けて動き始めたのである。

農産物がアメリカの主力商品に

社会主義国での穀物生産の減少を利用して、ニクソン政権は〝食糧危機〟を演出することに成功した。この演出をさらに決定づけたのは、穀物の輸出規制だった。世界的に食糧が危機的状況にあることを大義名分として輸出規制が始まった。これによって、いわゆるダイズ・パニックが引き起こされた。

世界的に大豆の価格は一挙に高騰、日本のように輸入に依存している国では、そのパニックが直撃した。大豆は高値安定となり、日本人の食卓に上がってくる豆腐の値段は三倍にはね上がった。

対共産圏穀物輸出やダイズ・パニックによって、穀物メジャーは巨額の利益をあげた。他方で、アメリカから穀物を輸入してきた第三世界の影響も大きかった。また第三世界の中でも〝食糧危機〟に便乗する人たちが現れた。

この時、一番被害を受けたのがバングラデシュの民衆だった。当時バングラデシュは、長年の夢だった独立を果たしたばかりであった。内戦の混乱の直後、〝食糧危機〟が直撃した。飢餓が広がり、国際的なバングラデシュ救援運動が広がった。

この時起きたバングラデシュの飢餓とはどんなものだったのだろうか。次にその構造をみていこう。

バングラデシュの現実

バングラデシュに関していま日本に伝わってくる情報というと、アジア最貧国、慢性的飢餓、相つぐ大統領暗殺、戒厳令、サイクロンによる被害、河川の大氾濫による農業への打撃、といった〝暗いイメージ〟のものばかりである。一九九二〜九三年にかけて伝えられたニュースも、〝正月に異常寒波で多数の死者〟という報道があったかと思うと、〝季節はずれのサイクロンで被害〟というニュースがつづき、さらに隣国ミャンマーからの難民が経済的ダメージをもたらしているとか、イスラム原理主義を刺激している、といったもの等々、これでもかこれでもかというように〝暗いイメージ〟のものがあふれている。

出稼ぎ労働者の増加もあって、徐々にバングラデシュの本当の姿が、この日本にも伝えられるようになってきた。しかし、まだまだ〝暗いイメージ〟が先行しているといってよい。

地球環境問題を書いた本をみると、必ずといってよいほど、バングラデシュが登場する。典型的な「環境破壊国」としてである。その書き方もほぼ一律である。例えば次のようなものである。

「日本の四割に満たない国土にほぼ同数の一億二千万人が住み、毎年三百万人も上積みされる。一人当たりの農地面積は世界最低。農民の半数は畑さえなく、八割は最低限の栄養すら取れない。

図1

バングラデシュにて

自然災害がその貧しさを加速していく。」（朝日新聞、一九九二年二月二十一日）

人口が多い、国土が狭い、だから慢性的飢餓状態にある。この図式がもっともあてはまりやすい国である。

しかし実際はどうなのであろうか。バングラデシュ第一の都市、首都ダッカと、第二の都市チッタゴンのマーケットに行ってみたが、新鮮な農作物や魚などが豊富に売られていた。

百聞は一見にしかず、である。バングラテシュは、農業立国であり、農作物は豊かだ。家畜も多く肉にめぐまれ、多数の河川が縦横に走り海に面していることもあって、漁獲量も多い。マーケットはその自然の恵みであふれていた。

ではどうして、〝飢餓〟や〝貧しさ〟が前面に出てくるのだろうか。その問題を理解するには、イギリスの植民地支配にまで遡ることになる。

この地方は昔から〝黄金のベンガル〟と呼ばれ、気候もよく、緑豊かで、稲作中心に繁栄を誇ってきたところである。

緑豊かな農業地帯を根底から揺るがしたのがイギリスの植民地支配だった。イギリスは一七九三年に、植民地収奪のためにザミーンダーリー制度という地税制度を設けた。ザミーンダーリーとは、領主のことで、この領主を地主にして税金を納めさせるという方法である。植民地支配をする側が税をとりやすいということで、勝手につくった制度である。

この制度ができるまで、ベンガルには土地について私有制といった概念はなかった。しかし、

ダッカの市場

地主という制度をつくったために、土地をもつ地主と、働いて税を納める小作人の関係ができ、私有制が発生、それまでの農村共同体が崩壊に追いやられたのである。

植民地支配の過程で、小作人支配の構造が重層構造をとり始めた。ザミーンダーリーは地代を納めさせるのに、何人もの税取り立て人を置いた。その税取り立て人がさらに幾人かの取り立て人を置き……という形で、税取り立て人の重層構造がつくられた。ひどいところでは十幾つもの利権者がいるという状況がつくられていった。直接に耕し、収穫する農民は貧農として固定化され、農業生産は停滞していった。

一九四七年、ベンガル地方は東パキスタンとして〝独立〟した。それから四年後の五一年にやっとザミーンダーリー制度が終焉を迎えた。同年成立したのが領地収用・小作法だった。この法律は、独立前まで地主だったヒンドゥー教徒の土地を収用し整理するのが主な目的だった。ベンガルでは、地主にヒンドゥー教徒が多く、その下で働く小作にイスラーム教徒が多いという階級支配と宗教がからんだ形をとっていた。

東パキスタン独立のさい、ヒンドゥー教徒の地主の多くはインドに逃れ、その所有地が空白の状態になっていた。その土地を収用し、小作農に分けられることになった。しかし、その土地を得たのは、上層の農家に限られたのである。土地をわずかしかもたないか、まったくもたない貧農は、そのままだった。

結局、植民地支配の仕組みは残されたままだった。

飢餓の構造

ベンガル地方は東パキスタンの時代、西パキスタンによって支配、収奪され、工業化が妨げられていた。一九七一年、やっと独立をかちとったとき、工業基盤はほとんどないに等しかった。農業立国をはかるにしても、歪んだ支配・被支配の関係が収穫増を妨げていた。

独立直後、〝食糧危機〟が起こり、民衆は食べものが買えない状態が広がった。こうして世界中でバングラデシュ救援キャンペーンがくり広げられたのである。

F・M・ラッペとJ・コリンズが『世界飢餓の構造』の中で述べているように、世界中でバングラデシュ救援運動が展開された飢餓の時代でも、この国では十分にコメが生産されていたのである。にもかかわらず、底辺の人々は危機的状況におかれていた。それは何故か。

その最大の原因はコメなどの流通量を抑えてしまう人々がいたことだった。食料品価格は高騰し、食べる物を買えない人々が広がった。流通量を抑えた人々は、この高騰で暴利をおさめた。

貧しい農家の間では、食べものを買うために土地を売る人が続出した。地主は、さらに所有地を拡大した。この飢餓は、利益を得ようとする人たちが、独立時の混乱を意図的に利用して、仕組んだものだった。

この時期にもしも、バングラデシュの土地がもつ潜在能力がさらに発揮されれば、コメの収穫量はもっと増大するはずだった。もし食糧の生産量も、流通量も順調だったら、飢餓という悲劇は生まれなかった。それを妨げたものこそ、土地の所有関係だった。

その歪んだ支配・被支配の関係は、援助による貧困の固定化の中で、さらに拡大再生産されている。ブリギッテ・エルラーの『死を招く援助』（亜紀書房刊）によると「毎年、小自作農の約五パーセントがなんといまだ所有している田畑を、すなわち生計の基盤を失ってしまうに至る悪循環」にあるという。

大地主はますます土地を所有し、富を蓄積しているのに、貧しい人はわずかの土地を手放し、富農に労働力を売って生きるか、都会に出ていくしかない状況に追い込まれていった。

ダッカ、チッタゴンは農村から出てきた人たちで膨れあがり、スラムも広がっていった。

バングラデシュの危機は、この国だけの例外的なものであるとか、特異なものというわけではなかった。やがて地球規模に広がっていった飢餓の序章であった。

第三章　第三世界をおおう債務と飢餓

「成長の限界」

第二次大戦後、環境破壊や資源枯渇、食糧危機の原因を人口増大に求める方法が初めて登場するのは、一九七〇年代に入ってのことだった。さまざまな危機の原因を人口増大の問題にすりかえる論理は、マルサス以来、時の支配者がとってきたものである。

新しいマルサス主義の旗手として登場したのがローマクラブだった。ローマクラブは、ヨーロッパ財界の大物、イタル・コンサルト社社長でオリベッティ社の副会長、フィアット社の重役でもあるアウレリオ・ペッチョイが中心になってつくった組織で、財界の立場から人類の危機を回避する道を模索しようという目的で設立された。一九六八年にローマでその最初の会合が開かれたことから、ローマクラブと名付けられた。そのローマクラブが、七二年に危機の原因を人口増大に帰結させた報告書『成長の限界』を発表した。

一九七二年は国連人間環境会議が開かれた年でもあった。

その前年は、すでに述べたようにドルショックの年であり、戦後の食糧戦略の転換点となったウイリアムズ報告が出た年でもあった。翌一九七三年にはオイルショックが起きた。七四年には国連人口会議と世界食糧会議が開かれた。新しいマルサス主義は、一九七一年から七四年にかけて起きた、この一連の出来事や会議を背景に登場した。

この一連の出来事は、先進諸国における経済的危機の深さを反映したものだった。ひとつは過剰生産への突入と環境悪化だった。もうひとつはそれと関連して、ドルを中心に動いてきた戦後経済秩序の崩壊である。

その危機を突破するためにとられたのが、一方での食糧危機の演出であり、他方での財界の集まりであるローマクラブによる新しいマルサス主義のもちこみである。

環境破壊、食糧危機、資源枯渇の原因は人口爆発にある。ローマクラブが打ち出した論理は、きわめて通りのよいものだった。

八〇年代末に登場した「地球環境」問題も、その原因を人口爆発に求める論理が横行している。ローマクラブは新しいリポート『第一次地球革命』でふたたび、人類破局に導く最大の要因は人口爆発だ、と述べている。

『環境白書』（平成二年版）も次のように述べている。

「開発途上国における人口の増加については、貧困とあいまって過度の熱帯林の減少、砂漠化の進行等の環境問題を深刻化させており、持続可能な開発を阻害するような人口増に対処する各国の能力を高めることが重要である。」

人口爆発をめぐる論調はほぼ同じである。国連の統計予測によると、一九八七年に五〇億人を突破した人口は、九八年には六〇億に達し、二二五〇年には一一五億人になる見込みだという。これだけの人間を養うのに食糧生産は追いつかず、資源も枯渇し、森林を農地に切り換えていくため環境も破壊されてしまう、というものである。

本当のところはどうなのか。

マルサスの人口論の基調は、「人口は制限されなければ等比級数的に増加するのに、生活資料『食糧』は等差級数的にしか増大しない」というものだった。

マルサスはちょうど、ヨーロッパで人口増加が始まる時期に生きた人物である。約二〇〇年前のことである。

彼は、人口の増加を抑えなければ大変な事態が訪れる、と警告を発した。しかし彼が人口増加の根本的原因としたものは、人類一般の生殖欲であった。

なぜマルサスが生きた時代に人口が増加したのか、それが問題だった。その最大の原動力こそ、中世的農村共同体の崩壊だった。共両体が食糧生産力に基づいてコントロールしていた人口数が、その解体にともなって一挙に増加に向かったのである。

日本でもこのコントロールの手段として、例えば間引きとか姥捨てといった悲劇があった。コントロール自体の善し悪しの問題ではなく、そういう現実があった。

人々は共同体の崩壊とともに、農村から都市へと流れていった。都市は人口増加を加速させた。それはおもに二つの理由からであった。ひとつは貧困が労働力を必要としたことだった。稼ぎ手を必要としたことからたくさんの子供をつくった。もうひとつは、生まれてすぐに死亡する確率が高いためである。貧困が栄養失調をもたらし、多くの子供たちの生命を奪った。そのため次から次へと子供をつくることになった。

人口問題は、マルサスの時代から社会的な構造の問題だった。人口爆発は、環境問題、食糧危機などの原因ではなく、その結果なのである。

現在の「新しいマルサス主義」の時代においても、その仕組みは変わらない。今日の人口爆発は、第三世界での農村共同体の崩壊と農村人口の都市流入に基盤をおいている。それは、バングラデシュの例でみた通りである。

L・ティンバーレイクと**L・トーマス**は、ユニセフの仕事をきっかけに、環境問題についての取材を、とくに子供たちに焦点をあてて行った。彼らの著書『ゆりかごが墜ちる時』（技術と人間刊）によれば、「毎年、発展途上国では、一四〇〇万人の五歳以下の子供が、かんばつも飢餓もない『ふつう』の年に死んでいる」ということだ。地球人口の約三分の一が一六歳未満であり、全子どもの八五パーセントが第三世界に住んでいる。そして一億五、〇〇〇万以上の幼児（中国を除く）が栄養失調で苦しんでいるのである。

債務地獄

世界の食糧はアメリカを中心とした多国籍アグリビジネスが支配するものとなっていった。豊かな農耕地は、次々と輸出用作物をつくるために切り換えられていった。その輸出用作物で得たドルで、アメリカから穀物を買うという仕組みがつくられていった。

その仕組みに債務地獄が重なった。換金作物で得たカネは、食糧にまわらず、利子の支払いにまわるようになっていった。食糧を買うとさらに債務が膨らむからだ。そのしわ寄せはとくに末端の人に押しつけられた。

ＦＡＯの統計によると、一九八三年度の穀物生産量は世界で一六億三、七〇〇万トンで、アメリカ人が一日にとる平均カロリー値を地球上のすべての人々に供給できる量であった。にもかかわらず、この時期、アフリカ・サハラ砂漠の南側に位置するサヘルの国々では、飢餓で三〇〇万人以上の人々が死亡している。しかもこの時期、サヘルの国々の綿花などの農産物輸出は増大しているのである。

債務は、第三世界を広くおおっている飢餓、砂漠化の原因であるばかりでなく、熱帯雨林伐採などの資源の切り売りの原因でもある。

なぜ第三世界が債務危機に陥ったのだろうか。今日の債務危機の出発点は一九七三年のオイルショックにあった。

オイルショックによって石油価格が高騰、産油国にはドルがあふれた。そのオイルダラーが先進国の金融機関に投機や預金となって還流してきた。先進国の金融機関にはオイルダラーがだぶつき、だぶついたカネを低利で第三世界に貸付け始めた。

第三世界は工業開発のチャンスと考え、そのカネを借りた。当時物価は急騰していた。カネは借りた方が得する時代だった。しかしそんな異常事態は長くはつづかなかった。

世界的に景気が後退し始めるとともに、北側先進諸国の金利が上昇していった。それと同時に北側諸国の過剰生産の製品があふれ出るように第三世界に入っていった。安い北側諸国の製品を前に、借金してまで工業化を進め、自主開発製品をつくろうとしてきた努力は挫折を強いられ、借金だけが残った。それが債務地獄の出発点だった。

もちろんこれだけが原因ではない。スーザン・ジョージは『債務危機の真実』（朝日新聞社刊）の中で次の三つの問題をあげている。

ひとつは「債務は悪い開発モデルのさらにもう一つの産物である」。すなわち、その国にとって不必要であったり、むしろ有害な開発を進めるため、その国の支配者がカネを借りるケースが多かった。しかもその多くは汚職、リベートなど腐敗の構造がからんでいた。彼女はいくつかの例をあげている。砂糖工場をめぐっては、ニカラグアでのソモサ政権の腐敗等があった。もっとも問題なのが、原子力開発である。フィリピンやブラジルなどでの核開発は、腐敗の構造の中で負債を累積させた。

フィリピンでは、マルコス政権が発注したバターン原発で、いまでも一日に少なくとも三万ドルの金利支払いが課せられているという。この原発建設でマルコスは、ウェスチングハウス社から八、〇〇〇万ドルのリベートを受けとったとされている。

もうひとつは「資本逃避」だという。第三世界の支配者たちは、本来国のものであるカネを私物化し、北側の金融機関に預けてしまう。北側の金融機関からしてみれば、カネを貸し、利子を稼いだうえに、ふたたびそのカネが還流してくることになる。それをあらためて貸し付けることができる。

「資本逃避」は支配者だけではない。第三世界の金融機関も企業も行っている。国際決裁銀行によると、一九七七年から八三年までの間に、「五五〇億ドルがラテン・アメリカから『北』に送られたと推計しており、ある当局者はこれが『控えめな推計』であることを認めている」という。資本逃避で金額が一番大きな国がメキシコだという。米州開発銀行の頭取は「メキシコからの資本逃避は七九年から八三年の間に九〇〇億ドル生じたと述べている。この金額は当時のメキシコの債務より大きい」のである。

そして第三番目が軍事である。「将軍たちのおもちゃを買うために債務が急増している」のである。ストックホルム国際平和研究所（ＳＩＰＲＩ）によると「石油輸出国機構を除く第三世界の債務の二〇パーセントは直接武器購入に起因すると結論づけている」。

第三世界の政府は、軍事独裁政権をとるところが多く、彼らは自分たちの権力を維持するために軍事費を増やすことはあっても、減らすことはない。Ｌ・ティンバーレイク、Ｌ・トーマスは次のように述べている。

「一九九〇年に、すべての第三世界の政府支出の半分は負債返済か軍事費であり、これらの政府は全体として、年間一二五〇億ドルを軍事費に使っている。ユニセフによると、わずか軍事費の一週間分を、簡単な薬やワクチン、下痢止め剤に投資するよう、毎年注ぎ込んだなら、途上国で死んでいる五歳未満児のほとんどを死なせなくてもすむだろうと計算する。」

食糧問題と債務が結びつき、飢餓が広がった。

債務返済のための食糧輸出

世界銀行の推定によれば、第三世界が抱える債務は一九八九年末現在、一兆二、九〇〇億ドルに達する。その約四割が「重債務・中所得国」と呼ばれる国々に集中している。それらの国々とは、アルゼンチン、ボリビア、ブラジル、チリ、コンゴ、コスタリカ、コートジボアール、エクアドル、ホンジュラス、ハンガリー、メキシコ、モロッコ、ニカラグア、ペルー、フィリピン、

表１　第三世界の債務状況　　　（国連資料より）

国名	1989年 債務額 (10億ドル)	1988年 債務の対ＧＤＰ比 (パーセント)	ＧＤＰの年平均成長率 1965-80年 (パーセント)	1980-87年
アルゼンチン	61.9	60.5	3.5	-0.3
ボリビア	5.8	135.5	4.5	-2.1
ブラジル	112.7	30.7	9.0	3.3
チリ	18.5	96.6	1.9	1.0
コンゴ	4.2	238.3	6.4	5.5
コスタリカ	4.6	100.0	6.2	1.8
コートジボアール	14.0	161.8	6.8	2.2
エクアドル	11.5	113.3	8.7	1.5
ホンジュラス	3.4	81.9	5.0	1.3
ハンガリー	17.9	65.2	5.6	2.6
メキシコ	102.6	58.0	6.5	0.5
モロッコ	20.8	105.9	5.4	3.2
ニカラグア	8.6	0.0	2.6	-0.3
ペルー	19.9	47.3	3.9	1.2
フィリピン	28.5	72.9	5.9	-0.5
ポーランド	40.1	63.9		
セネガル	3.6	76.6	2.1	3.3
ウルグアイ	4.5	50.1	2.4	-1.3
ベネズエラ	34.1	57.7	3.7	0.2
合計	517.5	53.6		

ポーランド、セネガル、ウルグアイ、ベネズエラの一九ヵ国である。

ラテン・アメリカは経済状態がもっとも悪い地域で、債務額は五、〇〇〇億ドルと、年間の輸出収益の約三倍にあたる。アフリカのそれは二、三〇〇億ドルとGNPの四分の三にあたる。

債務と食糧輸出との関係をみてみよう。

世界第二位の農産物輸出国であるブラジルは、一、一二七億ドル（一九八九年）という巨額の債務に苦しむ国でもある。債務返済のために、さらに食糧の輸出拡大がはかられてきた。例えば最大の輸出品である大豆は、かつてはまったくつくられていなかったが、手厚い保護政策がとられて、家畜用飼料として日本やECに輸出されるようになったのである。このような輸出拡大政策は、他方で飢餓人口の増大をもたらしているのである。

中米全体での農産物輸出も増大の一途をたどっている。一九六〇年から八〇年の二〇年間に牛肉の輸出は六倍となっているが、一般の人々が口にできる量はむしろ減少したのである。しかも輸出の九〇パーセントは、アメリカのレストランやファーストフード店などに行くのである。その一方で、例えばエルサルバドルでは七二パーセントの幼児が栄養失調に陥っているという（一九八四年の報告による）。

アフリカをみてみよう。西アフリカのセネガルでは農耕地の半分以上が落花生畑に切り換えられてしまったのである。しかもサバンナ林を伐採し、ピーナツの増産をはかった。サバンナ林伐採と増産のツケは砂漠化の進行をもたらした。土壌は疲弊して、サハラ砂漠はどんどん南下して

フィリピンの村

きた。その勢いは三〇年で約一〇〇キロと早い。

同じ西アフリカのマリもまた、綿花と落花生畑に切り換えられていった。ここでも増産のツケで、サハラ砂漠は広がり、深刻な状態になっている。

アフリカ全体で、コーヒーによる外貨獲得額は一九七〇年代だけで四倍の伸びを示している。一斉にコーヒーによる外貨獲得に乗り出したためである。しかし、コーヒーをはじめ、アフリカ諸国が増産をはかってきた輸出用食糧は、国際市場で過剰生産の状況に陥り、買いたたかれ、そのためさらに輸出を拡大するため増産をはかるという悪循環に陥ったのである。

債務の深刻度をはかる尺度がある。その尺度によると債務の返済額が輸出収益の二五パーセントを超えると危険とされている。一九八八年におけるアフリカ全体のこの割合は四〇パーセントだったという(国連アフリカ経済委員会)。危険な状態をはるかに超えている。

フィリピンでは、バナナは四つの大企業が支配するところとなった。アメリカの巨大アグリビジネスのドール、ユナイテッド・フルーツ、デルモンテ三社に、日本の住友商事が現地との合弁でつくったダバオ・フルーツである。パイナップルをつくるためにデルモンテとドールは、もっとも優良な農地を押さえてしまった。その他にもココナツ、コーヒー、サトウキビなどが輸出用につくられ、ほとんどがフィリピンの人々の口に入らないのである。

タイでもキャッサバの生産量がどんどん増えたが、それは外国での家畜用飼料としてつくられているのである。その一方で栄養失調で死亡する子供の数は毎年五万人にも達しているのである

（一九八五年の報告より）。

このように、多くの国々で自分たちがつくるものが、自分たちで食べられないようになったのである。

飢餓と環境破壊

ＦＡＯ（国連の食糧・農業機構）の報告によると、飢餓地帯と呼ばれたアフリカのサヘルの国々において、一九七〇年から七四年にかけてかんばつがつづいたときですら、どの国においても全人口を養うに十分な穀物を生産していたのである。この時期、農産物輸出額は、穀物輸入額の三倍にも達していた。

多くの貧しい人々が借金を抱え、自分たちが食べる分の食料すら、その借金の返済にとられてしまっていた。問題は、生産する量の絶対量が不足していることにあるのではない。

スーダンでは、毎年のように六月のかんばつと、七月の洪水がくり返され、人々は飢えで苦しんでいるといわれている。しかし、実際は、農作物がみのる豊かな土地は落花生畑になり、飢餓で苦しむ人々の間を、輸出用の綿花を満載したトラックが走り抜けているのである。

しかも、このような構造ができてしまったため、ＯＤＡなどの先進国が行う援助のほとんどは、政府高官や一部特権階級の私腹を肥やすだけであり、農業に向けられるものに関しても、その大部分が大土地所有者の潅漑設備などに向けられるようになってしまったのである。つまり飢餓を救う道ではなく、むしろ矛盾を拡大する方向に金が使われている。

また輸出用作物への切り換えは、現地の自然条件を無視したり、さからったりして規模を拡大するため、大規模なかんばつや砂漠化、自然破壊を呼び起こしている。なかでも熱帯雨林の破壊は、その個々の地域で大きな問題を引き起こしているばかりでなく、地球規模でも気象条件を変え、雨量の調整機能を奪い、地球環境に致命的な打撃を与えつつある。

企業による食糧支配はこうして、地球規模で破壊的な作用をもつに至った。さて日本はどうなのか。次に日本の問題に入っていこう。

第四章　高度経済成長期、基本法農政の下で

近代化路線の設定

一九六〇年四月八日、経済同友会は「日本農業に対する見解」を発表、工業への労働力を農村から提供させるために、農業そのものの転換をはかるよう提言した。政府・財界はこうして、工業の側の都合から、農業の転換を目論見始めたのである。その時、日本の政治は安保闘争で揺れ動き、産業界ではエネルギー革命が、炭坑の相つぐ合理化を引き起こし、労働争議が吹き荒れていた。

池田内閣は所得倍増計画をスローガンに、高度経済成長政策を進めるため、農村の近代化の名の下に、農村人口の工業への移動をはかり始めた。一九六〇年九月七日、池田首相は記者会見で、

「一〇年間で農民を三分の一に減らす」と言明して物議をかもした。だが、この問題発言を裏づけるような事態が、すでに進行していた。地ならしが以前から進んでいたのである。

農村労働力は、すでに減少傾向を加速しており、一九六〇年すでに一、五〇〇万人を切っていた。翌六一年には農林就業者が三〇パーセントを切り、農家の子供たちが農村から離れる割合がどんどん高くなっていた。

一九六〇年には農林水産物一二一品目の自由化が決定し、六一年には農家の抵抗を押し切って大豆の自由化が始まり、農産物自由化率は五九パーセントにまで達するのである。

ちなみに自由化前の一九六〇年ですら二八パーセントしかなかった大豆の自給率は、一〇年後の七〇年には四パーセントにまで落ち込み、国産品はないに等しい状態になるのである。

このような路線の集約されたものが、一九六一年六月に成立した農業基本法であった。これ以降の農政を基本法農政と呼び、農家の意思とはかかわりのないところで、日本の農業全体が大きな変貌を強いられるようになるのである。

スーザン・ジョージの『なぜ世界の半分が飢えるのか』（朝日新聞社刊）の中に食糧援助が成功した例として日本がでてくる。

「一九五四年にこの法律に基づく援助が始まってから日本が受け取った食糧は四億ドル足らず、一方、一九七四年までに日本が買い付けた食糧は一七五億ドルを上回る。……一九六四年にマクガバン上院議員は『アメリカがスポンサーになった日本の学校給食でアメリカのミルクやパンを好きになった子どもたちが、後日、日本をアメリカ農産物の最大の買い手にした』と述べている。」
日本は食糧輸入で優等生であった。工業製品を売り、食糧は買えばいい、そのような考えがいっそう強まっていったのが、高度経済成長期であった。

高度成長に対応した基本法農政は、農地を工業のために、農民を工業の労働力に、という路線をとった。農業生産そのものは、近代化という名目の下、大規模農家を育成し、中小農家を切り捨てる方針がとられた。

基本法農政の柱は選択的拡大といわれるものである。種類を限定し、大型経営をはかる。そのための裏づけとして一九六一年十月には、農業近代化資金制度が発足した。

一九六二年五月六日には、農地法と農業協同組合法の一部改正案が成立した。農業の法人経営化の促進と、農地の所有制限の緩和をはかったもので、土地の合併と大土地所有化を進めようというものである。しかも、農協が離農民の農地を受け入れることを可能にして、農民の農業離れを一層加速させた。

そして一九六二年二月には、「アメリカ型農業への転換」を目指し、農業構造改善事業促進対策大綱にもとづいて、パイロット地区などの指定が進められた。この「アメリカ型農業への転換」は、その後、絶えず農業近代化を進める人たちの間から言われつづけるのである。

機械を導入し、大型経営、共同経営による選択的拡大が進められた。そのために設けられたのが農業構造改善資金であり、農業近代化資金であった。

この方向が、それまで戦後の農地改革で生まれ変わった日本の農家のほとんどがとってきた、家族労働を中心にした、零細な規模での農業経営のやり方を崩壊させた。それまでの日本の風土にマッチした農業では、表作で米をつくり、裏作で麦をつくり、数頭の家畜を飼い、そのための飼料とわずかな野菜や果樹などをつくることから成り立っていた。大野和興はそれについて「日本の農業における土地利用は、温暖なアジアモンスーン型の気候条件を背景に、表作と裏作という二毛作を基本として成り立ってきた」(『技術と人間』八七年二月号)と述べている。種類を限定して大規模に経営する方向への転換は、日本的農業そのものを放棄させることであった。

まず裏作が崩壊していた。選択的拡大は、耕すものから、畜産や園芸への転換でもある。ニワトリだけ、豚だけ、みかんだけといった単一のものを、しかも大規模に集約することが奨励された。各地に近代工場を思わせる畜産での「農業近代化施設」ができた。この選択的拡大には、いわゆる篤農家といわれる人たちが一番力を入れ、借金をして転換をはかった。

しかし、この転換は多くの場合失敗していくのである。とくに取り組んだ品目の価格が暴落したときは、元もとれないといった事態が相ついだ。その場合、借金だけが残った。

農業では生活できない

だが、工業の側にとっては、農家が農業で生きられようが、生きられまいが、関係なかった。

表２　農家の経営（農水省統計）

（単位：円）

	1960年度	70年度	80年度	91年度
農業経営費	133,500	476,600	1,468,600	1,959,100 （新1,892,200）
農業所得	225,200	508,000	952,300	1,054,700 （新1,120,200）
農業所得の家計費充足率	61.1%	41.5%	24.2%	20.7%
借入金残高	59,400	383,500	1,629,200	2,153,500

・１戸平均の数字
・新とは、計上範囲を一部見直した新しい方式に基づいた数字

日本の産業全体の中で農業は工業のためにこそある、という考えが定着することが必要だった。

そのことは、さまざまな意味合いをもっている。ひとつは、これ以降農家は自分の力では農業を進めることができず、与えられる技術によってしか成り立たなくなるのである。農薬・化学肥料、ビニール、農機具などの工業生産物に依存し、また種子や苗までも種苗メーカーに依存するようになるのである。

もうひとつは、一般消費財の格好の売り込み市場として農家は狙いうちされるのである。とくに家庭電化製品や自動車などの高級な商品の市場となった。

そして、高度成長を支える底辺の労働力として、出稼ぎ、日稼ぎ、季節工、期間工となって農家の働き手は、農村から都会へと流れた。最初は、次男、三男が工業への労働力となって、もっていかれた。農業での余剰労働力だけがもっていかれたわけではない。やがて、世帯主、後継者までももっていかれたのである。

基本法農政下での最大の変化は、出稼ぎ労働者の増大である。高度成長を底辺で支えた人たちである。一九六二年には二〇万六、〇〇〇人だった出稼ぎ労働者の数は、翌六三年には、なんと二九万八、〇〇〇人へと急激な膨張をとげるのである。その原因は、東京オリンピックや、それに伴う東海道新幹線、首都高速、東名、名神などの高速道路建設などの公共事業に、大量の労働力が必要だったからだ。

一九六三年の出稼ぎの八九・九パーセントが、世帯主か後継者で占められていた。このことが出稼ぎ人口の高齢化をもたらしている。五八年には、出稼ぎ者の中に占める三五歳以上の人の割合は二四パーセントだった。それが六三年には四三・五パーセントにまで増えたのだった。

さらには、比較的大きな農地を所有している農家からの出稼ぎ人口も増えた。一九五八年には、一・五ヘクタール以上の農地をもつ農家の中での出稼ぎ人口の割合は九・一パーセントだった。それが六三年には二〇パーセントにまで増えた。

これは、基本法農政によって農業が金がかかるものになったこと。とくに農業機械、農薬や肥料の購入のために金がかかるようになったことと、家電製品などを買うために家計費の増加があったことが一方の要因だった。そしてもうひとつの要因が、工業の側での人手不足である。

さらに、それにおおいかぶさるようにして行われた農産物の自由化が、安い輸入食糧を入れることで、農産物価格を安く抑え、農業で食えないようにして、離農を促進したのである。

一九六〇年代の変化を数字でみてみよう。まず第一の特徴は、農家の家計の中に占める農業収入の割合の減少である。

一九六〇年には、農業所得の家計費充足率は六一・一パーセントであった。それが七〇年には実に四一・五パーセントにまで減少するのである。

第二の特徴は、農業にかかる費用の増大である。一九六〇年から七〇年の一〇年間に、農業所得が二・三倍の増加であったのに、農業経営費は三・六倍になっている。

その結果、第三の特徴として借金が増えたことである。やはり一九六〇年から七〇年の一〇年間で六・五倍になっている。

この変化にともなって、当然のことながら専業農家も激減した。一九六〇年には三四・三パーセントあった専業農家は、七〇年には一五・六パーセントにまで減少した。兼業農家が増えたといっても、農業が中心の第一種兼業農家はその一〇年間でまったく増えておらず、兼業が主で農業が従の第二種兼業が三二・〇パーセントから五〇・七パーセントと激増したのである。

一九六〇年代を通して農業から人はどんどん去り、六五年には九九〇万人となり、ついに一、〇〇〇万人を割ってしまうのである。七〇年には九二九万人となる。

農家に犠牲を強いた農業政策

基本法農政は、単に失政というレベルではすまされないさまざまな矛盾を、社会全体に広げていった。

日本の食糧自給率という点をみれば、一九六〇年代の一〇年間で、その割合は大幅な低下をみせるのである。六〇年の総合自給率は八九パーセントであった。それが七〇年には、七五パーセントにまで落ちこむのである。さらに問題なのは穀物の自給率で、六〇年には八三パーセントあったが、七〇年には実に四八パーセントまで下がってしまうのである。

農薬の使用量の増加は、深刻な環境汚染を引き起こした。この農薬の問題を含め、環境汚染は、どんな場合でも働く側には労災職業病になって襲いかかる。農薬の被害をもっとも受けたのは農家であった。

機械化にともなう労災も深刻化した。とくに主要な働き手を失った農家では、残った人たちで農作業をまかなうしかなかった。このことは農業機械メーカーにとって格好の市場をつくる形となった。機械化の売り込みのスピードは加速度がついた。一方で機械化貧乏という言葉が生まれた。どんどん機械を買いすぎて借金がたまり、その返済のためにさらに出稼ぎをしていかなければならない状態のことである。他方で不慣れな機械を扱うため労働災害が多発することとなった。

しかも農業労災は、農業をやっているときだけに起きるわけではない。土木・建築などでの出稼ぎ先での労災もまた、新しい種類の〝農業労災〟であった。出稼ぎ農民の圧例的多数が、大手企業を頂点とする下請け、孫請け、さらにその下請け……とつづくピラミッド構造の最底辺で、社外工、臨時工として働くようになった。労災は、労働環境、労働条件が悪くなればなるほど多発する。大企業の合理化のしわ寄せは、下に行けば行くほど大きくなるため、無理で過酷な労働を強いられている出稼ぎ農民の間でもっとも多く発生するようになったのである。

出稼ぎ先での労災問題は、その重層下請け構造の中で、ほとんど実態というものが分からない状態のままにおかれた。認定と補償をめぐり、数多くのトラブルや裁判、労働争議が闘われてきた。それだけ無権利状態で働かされているケースが多かった。だが、このような形で表面化するケースはまだしも、被災するだけ損をするという例が多く、ましてや出稼ぎ中の病気となると、何の保障もない場合が圧倒的に多かった。

農薬と農業機械化の問題は、追ってさらに詳しくみてみよう。

このように農業政策は、農家に犠牲を強いながら、工業の都合のために路線が敷かれたのである。

総合農政へ

一九六七年、農林省は農業構造政策の基本方針を発表、基本法農政の考え方をさらに一歩進めた、総合農政への方向をとり始めた。同年十二月、経済同友会は食管制度を見直し、コメをそれまでの直接統制から間接統制に移行すべきだと提言した。財界がコメにまで介入を始めた。

一九六八年には都市計画法が公布され、七〇年には改正農地法が公布された。都市近郊では市街化区域と市街化調整区域に線引きが始まり、農地の流動化の促進がはかられた。水田を工業団地や空港、道路などに、都市近郊農地を宅地や団地に変えていこうという動きが加速した。

それらの動きを背景に、一九六八年七月、西村直己農林大臣が「総合農政」への移行を表明した。新しい段階へ農政を転換させようというものであった。総合農政とは、産業全体の中で農業を位置づけ直すというもので、次の三つの柱から成り立っていた。

第一が、生産調整、すなわち減反である。一九六八年末、政府米の在庫が七四四万トンに達していた。「異常在庫」だというキャンペーンがはられ減反政策への道筋がつくられていった。第二が、農地をいかに工業化のために提供させるか、である。工業化の中にはもちろん道路や宅地も入っており、一連の土地政策とともに農地の流動化をはかろうというものである。第三が、大規模農家を中心にした農業近代化で、他方では食糧の輸入規制を大幅に緩和していこうというもの。

一九六九年に食糧管理法施行令が改正され、自主流通米が始まった。七〇年には減反政策が始まった。減反政策が始まった七〇年に、先ほど述べたように、ついに穀物自給率は五〇パーセントを切ってしまうのである。

第五章　すすむ農業の合理化

農薬の使用量の増大

基本法農政によって、農薬の使用量は急激に増加した。出稼ぎで人がいなくなり、機械や薬剤に頼る農業になっていったことが、ひとつの原因であった。もうひとつの原因は、選択的拡大によって少ない種類のものを多量につくるようになり、病害虫による作物の全滅を恐れるあまり、過剰に投与されるようになったことがあげられる。

一九五八年には一八万六、〇〇〇トンと、二〇万トンに達していなかった農薬の生産量は、減反政策が始まる前の六九年には六八万二、〇〇〇トンと、四倍近い伸びを示したのである。

この間日本の水田は、世界における農薬の実験場、とまでいわれるほどになった。ＦＡＯの調査では、一九六三年に日本の耕地にまかれた農薬は、その有効成分において耕地面積当たり、実にアメリカの七倍、ヨーロッパの六倍も使用されたことになる。レーチェル・カーソンの「沈黙の春」の世界が、日本でもっとも実態化していったのである。

農家が農薬にかける費用もうなぎのぼりとなっていった。農家の農業所得は、一九六〇年から七〇年の一〇年間で二・三倍の伸びであったのに比べて、農薬にかかった費用は四・四倍に達したのである。

もちろん農薬の使用量だけが増えたわけではない。農家の経営費の中で、機械や農薬・肥料、飼料や光熱費・動力費はみんな急速に増えていった。一九六〇年代になって農家は、この経営費の圧迫に対処するため出稼ぎを行い、出稼ぎによって人手を失った農業は、ますます機械化・化学化が進むという悪循環に陥ったのである。

農薬の相つぐ製造中止

ナチス・ドイツは数多くの毒ガス兵器を開発した。有機リン剤だけで約二、〇〇〇種といわれている。そこからパラチオン、マラソン、ダイアジノン、EPNなどの農薬が生まれていく。

そのなかのパラチオンは、ホリドールという商品名で、日本では一九五二年から水田でまかれ始めた。若月俊一（佐久総合病院）はこの農薬を〝ヒットラーの亡霊〟と名づけた。

パラチオンは稲のニカメイチュウに有効だとして導入されたが、使用が始まると同時に、その強い毒性から中毒者が続発し、本格的使用が始まった一九五三年だけで中毒者一、五六四人、死者七〇人を数えた。このパラチオンが製造禁止となったのは、六九年のことだった。二〇年近くにわたって使われつづけ、多数の中毒者、死者を出しながら、なかなか禁止の措置がとられなかった。

一九五三年は農薬工業会が設立され、本格的に農薬が生産され始め、使用量も増やすよう指導が始まった年である。この頃から殺菌剤として使われ始めた農薬が有機水銀剤だった。こちらはイモチ病に有効だとして使われた。

有機水銀剤は、水俣病の原因が有機水銀だとわかり、その毒性が問題となった。水俣病の原因が確定したのが一九五九年、しかし有機水銀剤が見直されたのは七年後の六六年に出された「非水銀系農薬の使用促進について」という通達によってであった。その間の六〇~六六年頃は、年間二五〇~三五〇トンもの多量の水銀が農薬として使われたのである。しかもフェニル水銀剤の全面禁止措置はさらに三年後の六九年のことだった。

残留性が問題になったのがDDT、BHCなどの有機塩素系の殺虫剤だった。両者は敗戦直後に入ってきて、使われ始めた。昆虫の神経系を冒すことで効果があるということで、使用量を伸ばしていった。しかし、これらの農薬は化学的に安定しており、農作物や土壌に残留し、これを飼料といっしょに取り込んだ家畜の体に蓄積していき、肉や牛乳を汚染していった。

さらにまた、この肉や牛乳を飲食した人間の体にも蓄積していき、その慢性毒性、発ガン性、遺伝毒性などが問題になった。この残留性が世界的に問題になるや政府は、一九六九年七月に、DDT、BHCの新規許可をストップした。六九年十二月にメーカーは〝自主規制〟で製造をストップした。さんざんつくられたあとの措置であった。

このようにパラチオン、BHC・DDT、有機水銀剤等は、一九六九年に相ついで規制や製造中止の措置がとられた。

それでも農薬は増産された

農家の労働力が減るのに対応して、農薬の中でその代替としてもっとも有効な役割をはたしたのが、除草剤であった。なかでもPCPは、一九五七年に登録されたあと、その強力な薬効から使用量が急激に増加した農薬である。その五七年にアメリカでは、PCPで防腐処理された飼料を食べた数百万羽のブロイラーが死ぬ、という事件が発生している。日本では使用と同時に数多くの魚毒事件を引き起こした。

一九六一年に児島湾干拓地でコイ、フナ、ハエの魚毒事件、翌年には有明海で貝類に二億円の損害をもたらし、琵琶湖で稚アユ、コイ、フナに二億円の損害をもたらす魚毒事件を引き起こした。そのため六三年には指定農薬として規制を受けることになり、七一年の農薬取締法改正のさいに水質汚濁性農薬に指定されるのである。

農薬は、生産現場では労働災害となって工場の労働者の健康を蝕み、工場周辺住民には公害となって被害をもたらし、それを使用する農家の人たちの体を壊し、食べものの中に入って消費者の健康に脅威をもたらす。まさにジェノサイトの技術である。

一九六九年に相つぐ規制が行われたが、実効性をもった本格的な規制は、七一年の「公害国会」でやっと成立した農薬取締法改正と、同施行令の全面改訂まで待たなければならなかった。

農薬の生産量は、一九六九年をピークに、毒性への関心が高まったことと、減反政策の影響で、一時は低下の方向を示した。しかし、低毒性といわれるものの登場を切り札に、構造的不況に陥った化学産業が全体的にファイン・ケミカル（医薬品などの一般に価格の高い化学製品）に力を入れ始めたこともあって、再び増産がはかられ始めたのである。

一九六〇年代は石油化学を軸に高度成長路線を順調に歩んできた化学産業であるが、七〇年をピークに、その成長が鈍化してしまった。いわゆる過剰生産である。市場が飽和状態となり、ものが余ってしまうという状況がつくられた。それに追い打ちをかけたのが、七一年のニクソン・ショックであり、七三年のオイルショックであった。

そういう構造的不況の中で、化学産業は生き残りのため、石油化学での新しい市場の開拓を進めるとともに、ファイン・ケミカルの比重を高めていく方向をとり始めた。ファイン化率を高めるためにとられた作戦のひとつに農薬の増産があった。

そのため一九七四年には、農薬の生産は七五万トン弱となり、六九年のピークを上まわる生産量となったのである。しかし、この作戦の最大の障害が減反政策であった。減反面積の相つぐ拡大によって、生産量は再び減少を始め、結局生産量は六〇万トン前後で安定するという状態となったのである。

「低毒性」の正体

農薬の種類は確かに変わった。強い急性毒性や残留性をもったものは使われなくなり、かわりに低毒性といわれるものが普及した。しかし低毒性といわれるものが、慢性毒性や相乗毒性、遺伝毒性や発ガン性でどれほど毒性が低いかは本当のところはわかっていなかった。

例えば除草剤ではパラコートやCNPが使われるようになった。パラコートは、中毒患者や死者が多発したことで、規制を求める声が高まった農薬である。またCNPからは猛毒物質のダイオキシンが検出されており、何をさして低毒性というか、多くの疑問が出された。

農薬をつくる側は、規制を受けた農薬についても抜け道を考えた。製造禁止となった場合は、販売や使用はつづけさせ、在庫を全部売り切ってしまった。また農薬取締法では輸出用のものについては規制がないため、国内で販売や使用禁止となったものを輸出しつづけた。また海外に進出し、合弁事業等を行っている企業の中には、日本国内では製造禁止となっているものをつくって販売しているケースもある。こうして第三世界で危険な農薬を使うケースが増え、大変問題となっていったのである。

だがそれは第三世界だけにとどまらない。危険な農薬で汚染された食べものが、日本へ輸出される機会が増えてきた。輸入食品は、農薬の汚染のチェック機能がほとんどないに等しいため、汚染食品がつつぬけとなって入ってきた。これは、日本の食糧自給率が低下すればするほど増えているのが現状である。日本から輸出したもの、あるいは現地法人での製造を通して使用された危険な農薬が、食べものの中に入って戻ってくることを農薬ブーメランというが、その量は増えてきているのである。

さらにまた、輸出用作物に、殺虫や防腐を目的にまかれるポストハーベスト（収穫後）農薬の問題もクローズアップされてきた。

農薬メーカーはまた、新しい市場として農取法の「目的外使用」の量も拡大させてきた。この使用では、農水省が十分に指導できないことから、公共施設や公園などの除草や殺虫のために、田んぼにはまけない農薬が多量にまかれるようになっていった。

また、昔から化学産業は化学肥料の得意先としてゴルフ場とのつき合いが深かった。そのゴルフ場に、農薬が売り込まれていった。とくにリゾート法制定以降、ゴルフ場開発ラッシュが起きた。その結果、ゴルフ場での農薬汚染が深刻化してきた。ところによっては水源にまで汚染が広がったのである。

すすむ農業の機械化

基本法農政は、農薬の使用量を増大させるとともに、機械化を進めた。農業の機械化は、農家の労働力を工業に奪われたことに、その出発点があった。奪われた順番は最初は次男、三男だった。それが長男、さらには父親にまで及んでいったことは、すでに述べた通りである。

そうしておかあちゃん、おじいちゃん、おばあちゃんの、いわゆる〝三ちゃん農業〟、あるいは〝かあちゃん農業〟が一般化していった。残された者たちが農家の働き手となっていったのである。

このことは農業機械メーカーにとって、大変都合のよい状態をつくり出したのである。機械はどんどん売り込まれていった。

農業の機械化を稲作を例にみてみよう。一九六〇年代前半で耕うん作業の機械化は終了したといえる。六〇年代後半に入ると乗用トラクターの時代へと移っていくのである。

収穫作業については、バインダーが一九六〇年代終わり頃から普及しはじめ、七〇年代には自脱(自動脱穀)型コンバインの普及が進むという形で機械化が進んでいった。

一九七〇年代に入ってからは、田植えの機械化が進んだ。田植機の普及によって、耕うん、田植え、収穫の一貫した機械化がみられるようになった。これに除草剤による除草が進むことで、農業は人手をかける時代から大きく変容をとげるのである。

その過程を数字で追ってみてみよう。

動力耕うん機・農用トラクターの歩行型の普及率は、一九六五年＝四四・七パーセント、七〇年＝五九・二パーセント、七五年＝六六・二パーセントと、六〇年代後半にはほぼ半数以上の農家に行きわたった状態になった。同トラクターの乗用型の普及率はどうかというと、六五年＝〇・三パーセント、七〇年＝五・七パーセント、七五年＝一二・八パーセントと、七〇年代に入って急速に広がっていった。

田植機の普及率は、一九七〇年には動力型と人力型の両者を合わせて〇・六パーセントにすぎなかったが、七五年には動力型だけで一四・九パーセントに達している。

収穫作業の機械化では、バインダーが一九七〇年には、バインダー以外の動力刈取機を含めた数字で四・九パーセントだった。それが七五年には単独で二六・八パーセントの普及率となる。自脱型コンバインも、七〇年にはわずか〇・九パーセントであった。それが七五年には六・九パーセントの数字をあげている。

この数字をみてもわかるように、一九七〇年代前半の機械化の進行は、すさまじいものであった。

このような機械化の進行にともなって労働生産性はどうなっていったかを、次にみてみよう。水稲一〇アール当たりの直接投下労働時間は、次のように推移している。

（単位・時間）	六〇年	六五年	七〇年	七五年
本田耕起整地	一七・〇	一四・四	一一・四	九・六
田植	二六・五	二四・三	二三・二	一四・一
除草	二六・七	一七・四	一三・〇	九・〇
稲刈り・稲こき	五七・四	四七・六	三五・五	二四・三
その他	四五・三	三七・三	三四・七	三〇・一
計	一七二・九	一四一・〇	一一七・八	八七・一
〔減少率〕	一〇〇	八一・六	六八・一	五〇・四

借金は増え、労働災害が多発した

このように労働時間は短くなった。だがここで二つの問題が出てくるのである。ひとつは、機械を導入して、労働時間は短くしたが、それに見合った収入は得られず、借金が増えていったことである。

もうひとつは、労働そのものが大きく変わったことで、新しい労働災害が増えたことである。

一九六五年から七五年の一〇年間で、全国農家一戸当たり農業所得は、三六万五、二〇〇円から一一四万六、〇〇〇円へと、約三・一四倍の増加があった。しかしこの間借金の方は、一五万

三、〇〇〇円から八四万二、七〇〇円へと、五・五一倍の伸びを示したのである。

しかも借金の額はすぐ農業所得を超えるのである。一九八〇年には農業所得は減少して九五万二、三〇〇円となり、借金は一六二万九、二〇〇円と、実に農業で得られる収入の一・七一倍に達するのである。

他方、機械化による事故の多発であるが、農林省（当時）による公式の事故統計をみると、農作業による死亡件数は、一九七一年＝三六四件、七二年＝三六〇件、七三年＝四二四件で、そのうち農業機械・施設によるものは、七一年＝二〇四件、七二年＝二一二件、七三年＝二六〇件となっている。このような死亡者の数の増加が、農業機械の安全問題を見直す大きなきっかけとなったのである。

これはあくまで死亡件数であって、労働災害全体については統計はとられておらず、実態はほとんど明らかにされていないのが現実である。農林省が行ったわずかな調査のひとつである、二万五、一六四の農家を対象とした農作業事故の調査によると、軽症以上の事故は、七四年で二七七件となっている。そのうち二〇〇件が農業機械・施設による事故であり、機械化が急速に進む中で労災が広がっている様子がうかがえる。

問題はこの二万五、一六四戸で二七七件という数字である。もちろん公式の調査であるため実態とはほど遠いとはいえ、九〇戸に一戸の割合で発生していることを意味する。これを労働省の労働災害統計の単位である一〇〇万延べ労働時間当たり死傷者に直すと、一二七という数字が出てくる。製造業の労働災害についての公式な数字が、一・四九（一九八七年）であり、七〇年代でさえ二〜三という数字であること、他の業種も一桁であることからみると、この三桁の数字は大変大きいことがわかる。

農業機械における事故は、その起きやすさに加えて、原因も、起こり方も多様なのが特徴である。というのは、なんといっても農業が、自然を相手にしている点が一番大きな理由である。例えばトラクターの事故は、圃場への出入口でよく起きる。平坦なところなど変化の少ない場所では起きにくいからだ。コンバインでは、天候の関係で稲がまだよく乾ききっていないものを機械に入れたために詰まり、それを取ろうとして指をはさまれた、といった事故が多い。また雨あがりの耕うん作業で、足をすべらせて、むきだしになっている機械のベルトやチェーンなどにふれて起きるケースも多い。

農家は、農薬や機械で自分自身を傷つけながら、経営を続けてきたのである。

農業破壊はさらに大規模に進められた。国土総合開発計画によってである。次に、国土開発がもたらした破壊の実例をいくつかみてみよう。

第六章　国家による大規模開発と農業破壊

拠点開発方式

基本法農政とペアで出されたのが、第一次全国総合開発計画だった。

一九六二年五月十日、新産業都市建設促進法が公布され、十月五日には第一次全国総合開発計画が閣議決定された。翌六三年七月には、新産業都市一三ヵ所、工業整備特別地域六ヵ所が指定された。この国が主導した開発政策は、海岸線を埋め立て、コンビナート建設を押し進めることになるのだった。

この政策によって鹿島から北九州に至る太平洋ベルト地帯を中心に、日本の海岸の風景は一変し、大気や水は汚れ、公害列島と呼ばれる状況がつくりだされたのである。

第一次全国総合開発計画は拠点開発方式と呼ばれ、ある地域を集中的に開発、コンビナートを建設、集中化、巨大化のメリットを通して日本の工業力を飛躍的に増大させようとしたものだった。この地域開発を可能にするため、道路建設を中心にした交通ネットワークと、情報通信ネットワークが整備されていった。これらネットワークの整備・建設がさらに工業力を増大させるという循環の中で、高度経済成長が実現していった。

拠点開発方式を進めるさい、いたるところで「貧しい農村・漁村を活性化して豊かにする」、という大義名分が掲げられた。なかでも工業整備特別地域に指定された鹿島の場合、「農工両全」という独特のスローガンが掲げられた点で大変に注目された。

農業にも、工業にも、その両方役に立つ開発、という名目で開発は進められた。この鹿島での開発のケースは、全国での拠点開発の代表的な姿であった。各地で同様の問題が発生しており、鹿島だけに例外的に起きたわけではない。

鹿島開発――農工両全のスローガン

鹿島開発の話がもち上がったのは一九六〇年のことだった。この年、「鹿島灘沿岸地域総合開発の構想」というものが、茨城県によって打ち出された。翌六一年三月、県議会での予算審議のさい、当時県知事だった岩上二郎は、「農工両全」をスローガンにした開発構想を述べた。茨城県に大規模な臨海工業地帯をつくりたい、というのが同知事の悲願だった。

県の担当者は、開発予定地区がほとんど民有地であるにもかかわらず、地図の上に線引きを始めるのである。こうして開発のマスタープランが一九六二年十二月にでき上がった。

鹿島は貧しい。貧しい農民、漁民を豊かにする開発を行うのだ、というのが何度もくり返されて口にされた大義名分だった。岩上知事はさかんに〝貧しさ〟を強調した。だが本当に貧しかったのだろうか。東京に近いこと、広い土地があること、そして水があること、この三つが工業開発の狙いとなった大きな理由であった。

だが、その三条件がそろっていることは、やりようによってはいわば農業にとってこの上ない条件が備わっていることになる。つまり、農業をやっていても豊かになる条件を充分に備えたところだったのである。

水は霞ヶ浦と北浦の水がある。ただし満潮時には海水が利根川をつたわって逆流してくるため、逆水門をつければよい淡水が確保できると考えた。しかし、逆流することで霞ヶ浦・北浦の微妙な生態系のバランスは保たれていたのである。

県が次に行ったことは、鹿島開発のために国の予算を引き出すことであった。そのための運動が活発に展開された。運動は成功をおさめ、全国総合開発計画の拠点のひとつにとり上げられ、一九六三年には工業整備特別地域指定が、閣議決定された。

問題は土地買収であった。そのために考えられたのが「六・四方式」と呼ばれる、鹿島開発独自の方法であった。「農工両全」とは実は土地買収をスムーズに進めるためにもちだされたスローガンであることが、後で分かるのである。「六・四方式」とは、用地買収のさいに、六割は代替地で返還し、四割は金を支払うというやり方。四割は工業のために土地を提供しなさい、そうすれば農業も工業も共に繁栄するではないか、と。こうして「農工両全」にもとづく「六・四方式」で強引な土地買収が始められたのである。

開発区域は三町村であった。鹿島町、神栖村、波崎町の一部である。そのすべての地主から一律に土地を提供させるには、この「農工両全」のスローガンと、「六・四方式」のやり方が必要だった。土地買収に応じない人たちには強引な手段が用いられた。おどし、すかし……。

だが、この「六・四方式」は言葉だけのものだった。代替地の約束は守られず、土地を格安な値段で取られてしまった人が続出したのである。

県が行った、だましのテクニックはまだある。当初、この開発地域につくられる工場群に関して〝鹿島のコンビナートは無公害コンビナートである〟というキャンペーンがはられた。もちろん、それをまともに信じた人はいなかったが、いざ企業が誘致され、住友金属の製鉄所や、鹿島石油、三菱油化などの化学工場、そして火力発電所などが動き始めると、公害は想像を絶したものとなった。製鉄所からは廃煙や粉塵などが舞い上がり、空をおおい、化学工場や火力発電所などからは亜硫酸ガスなどの排煙や、水銀などの重金属を含んだ廃水がたれ流され、異臭が周辺を漂い、住民はひどい公害に苦しむことになるのである。

鹿島

まだある。霞ヶ浦と北浦の水は、住友金属鹿島製鉄所などで大量に消費されるために、どんどん奪われていった。しかも淡水化のためにつくられた逆水門によって生態系が破壊された。水取りと逆水門が相乗効果となって両湖の水は瀕死の状態に追い込まれるのである。養殖ゴイが大量に斃死したり、アオコが異常発生する事態となった。その影響で土浦の水道がくさくなり、飲めなくなる、といった状況にまで事態は深刻度を深めていったのである。

鹿島開発の重要な証人

開発に抵抗して、この間の経緯をつぶさにみてきた人物が、黒沢義次郎鹿島町長（当時）であった。黒沢町長に関しては、あまりよい評判が立ってこなかった。というのは、その抵抗の強さに手を焼いた、県、町議会、そしてマスコミが一体となって、長い間反黒沢キャンペーンをくり広げてきたからである。その評判の悪さの分、彼は鹿島開発の重要な証人なのである。

大崎正治国学院大学教授は、鹿島に入りさまざまな調査を行ったが、黒沢町長にも聞き取り調査を行っている。それにもとづいて開発の経緯をみてみたい。

まず最初に、県が、地元の町村にこの計画をはかったさいの当初案は、小さな紙にガリ版刷りのものだった。県の説明はよいことづくめだった。

「向こう〔茨城県当局〕は巧妙でね。〝賛成でも、反対でもいい。いやなら何時でもやめられる〟というんだ。そして〝住民のために開発するんで、他町村とか、国、県のためにやるんではない。鹿島三町村住民のためになるんだから、住民の利益にならないと思えば、いつでもやめて結構なんだ。強制的に土地を買収するなどということは絶対やらねえんだ〟〝本当に住民は楽な生活ができるんだ。ここの住民は洋服着て、鞄さげて、頭髪を分けて、朝八時に出勤して、八時間労働でもどってくればいいんだ。家庭のかあちゃんはおとうちゃんを送り出したら、洗濯機で洗い物して、後は美容体操でもしておればいいんだ。おじいさん、おばあさんは楽が出来るし、子供らは高等、大学教育できる……〟と、それからそれとデタラメ言うて、宣伝して〝議会にかけてくれ〟というんだが、私は馬鹿なことを言うなと思ったから、議会にかけないですてておいた。すると波崎、神栖で議会が可決してしまって、こちらの議員連中がワイワイ騒ぎ出した。」

こうして仕方なく議会にかけると、満場一致で賛成が決まってしまった。それから議会との戦いが始まる。

いったん町議会が開発推進を決めるや、開発規模はどんどん大きくなっていったのである。鹿島港も、最初は一万トン級の船が出入りするぐらいのものだったが、二万トンに増え、五万トンになり、さらに一〇万トンにまでなってしまった。開発面積もその調子でどんどん拡がっていった。

町議会と町長との戦いは熾烈だった。ついに議会を開かないで予算を町長が決めるまでに至った。こうして〝黒沢を町長から引きずり降ろせ〟という激しいキャンペーンが始まるのである。脅迫や恐喝、暴力もふるわれた。それでも町長は開発に反対した。

その結果、町長は〝独裁者〟というレッテルが貼られた。そして、ついに〝選挙違反〟をデッチあげ、黒沢降ろしに成功するのである。

歯止めを失うや否や、開発は一挙に進んだ。

私が最初に鹿島を訪れたのは一九七四年のことだった。すでにコンビナートは稼働を始め、環境は劣悪そのものだった。悪臭が漂い、空を排煙がおおい、粉塵が舞っていた。

農工両全の結末

農工両全とは、農家にとってどんなものだったのだろうか。大崎教授は、移転農家を対象にアンケート調査を行った。移転農家の総戸数は六六三戸で、そのうち一三四戸からアンケート結果を得ている。それによると、開発前は一一五戸あった専業農家が、実に四戸へ減少している。しかも、四三パーセントの農家が完全に農業を放棄していた。

調査を行ったのは、一九七二年であるが、その時点で四九戸（三八・五パーセント）もの農家が、代替地をまだ受けとっていなかった。この代替地をもらえなかった農家は、六四年に買収が始まった、その最初の移転組も含まれており、「六・四方式」による用地買収がいかに口だけのものであったかがうかがえる。

まだ問題はある。代替地をもらい移転した農家の間で、土地の切り売りが進んだのである。代替地が農耕に適していなかったこともある。それに加えて、いったん農地を手放すと耕作意欲を失ってしまうケースが多かった。さらには、いくらかのカネを得たことで、勤労意欲を失ったこともあげられる。

農家が金を得たといっても、微々たるものである。だがそのカネを目当てにキャバレーやクラブなどの飲食店街が形成された。そこに入りびたりになった男たちは、もっと現金を得ようと、代替地に手をつけていったのである。

大崎の分析によると、本来ならば一戸当たり約一五〇アールあるはずの土地所有面積が、約一〇〇アールしかないところから、一戸当たり五〇アール近くが切り売りされたのではないかとみている。

このようにみていくと「農工両全」の実態とは、工にとってはよくても、農にはとんでもないものであったことがよく分かる。

開発前と開発後の耕作面積の推移をまとめてみると、次のようになる。

	開発前	開発後
一ha未満	一一戸	八九戸
一ha〜三ha未満	八七戸	三九戸
三ha以上	三〇戸	〇戸

すなわち、農業破壊以外の何物でもなかったのである。

鹿島で農業破壊が進行しているとき、すぐ近くでもうひとつの大規模な農業破壊が始まろうとしていた。三里塚空港建設である。

新空港が三里塚へ

一九六三年五月二十一日、運輸省・建設省の打ち合せ会で新空港建設問題が登場した。候補地がいくつも浮上する中で、六五年十一月に、正式に千葉県富里が空港予定地となった。だが富里案は、富里、八街、山武などの空港予定地内とその周辺の人々の激しい反対運動で、断念に追い込まれるのである。

富里空港計画は、敷地予定地内だけで実に一、五〇〇戸の農家があり、しかも一町歩以上の土地をもつ農家が八街では六九パーセント、富里では六八パーセントもあるという点で、北総の中でも豊かな農村地帯であった。このことが、空港反対運動を一挙に燃え上がらせた最も大きな理由であった。

羽田空港が限界に達しつつあること、新しい国際化の時代を迎え、それに対応できる超大型空港をつくること、それが大義名分となって、当初は富里以外にも浦安沖、霞ヶ浦、木更津も候補に上がっていた。これらの中でなぜ富里が選ばれたかというと、その最大の理由が管制上の問題であった。つまり千葉県北部をおおう北総台地にもっていけば、羽田の管制空域、百里基地の管制空域、横田、厚木などの米軍用飛行場の管制空域とそれぞれ分離して対応できるから、というものだった。

なによりも初めに空港建設ありき、だった。空港建設という国家が行うビッグプロジェクトそのものが、高度成長期の産業にとって求められていた。とくに土木・建築関係でうるおう企業が多かった。また同時に、国際的な輸送力強化は、経済大国を目指す日本の前提条件でもあった。

一九六六年六月二十二日、政府は、富里への建設は困難と判断して、突如、三里塚（千葉県成田市）への変更を打ち出し、しかもわずか数日後の七月四日に閣議で正式決定を行ったのである。

なぜ三里塚に変更したのか。政府は富里断念の教訓を生かして次の二つの理由から三里塚に白羽の矢を立てたのである。

その理由のひとつは、御料牧場と県有林があったからである。用地の予定面積の四割近くが国有地、県有地であった。もうひとつの理由は、六割を占める民有地の中に戦後入植して開墾した農家が多かったからである。

富里空港案では二、三〇〇ヘクタールあった用地の広さが、三里塚では一、〇六五ヘクタールと半分以下に縮小された。用地買収の困難さを想定して〝超大型〟は断念に追いこまれたのである。しかも五〇〇ヘクタールもの代替地を用意して、三里塚空港決定に踏み切ったのである。

貧苦の中の開拓

三里塚は、血と汗の開拓の歴史といっていい。戦後、それまで天皇の土地で聖域とされていた下総御料牧場の一部が農地改革にともなって解放され、開墾の対象となった。しかしこの開墾は大変な苦労をともなったものだった。

牧瀬菊枝は三里塚の女たちから話を聞き『土着するかあちゃんたち』（太平出版社刊）をまとめているが、そのなかで、入植期の苦労を聞き書きしている。そのなかのひとつに、島村良助・初枝夫婦の話がある。島村初枝の話によると、土地は木の根、竹の根を掘り起こして耕さなければ、作物の種はまけなかった。しかも農作物は春に植えても秋にならなければとれず、その間なんとかほかの方法をみつけて食べていかなければならなかった。しかも五年間に開墾を終えないと政府は土地を取り上げるという。そのため一日でも早く耕地にしようとするが、食べていくために出稼ぎにいけばそれもできなかった。しかも家も建てることができず、〝オガミといって、木をじかに三角に建てて、まわりを囲って、地面のうえにむしろをしいて〟生活したという。

払下げは一町二反だった。畑作地帯のため米は作れず、落花生やサツマイモを作ったが、それで生きていくためには二町から二町五反の耕地が必要だった。そのため六〇〇町歩の傾斜地にクヌギが植わっていたが、そこを払い下げるよう解放運動を行ったが、県は相手にしなかったのである。食えない農家が、必死の思いで食いつないできたのである。

『源さんの木の根物語』(柘植書房刊)でも、その苦労話が次のように描かれている。

「篠竹や雑木の生い繁る荒れ地を一鍬一鍬掘り起こす荒起こしは源の仕事である。その度に野ねずみやもぐらが走る。根株や篠竹の根が地中にからみつき、それを切りながら、土を上下に切り返す。鳶鍬の刃を一日に何度も研ぎながら掘り進む。豆がつぶれた手からは血が汗とともに流れる。」

木の根部落とは、文字通り木の根を掘り起こして開墾したところなのである。木の根のほかにも天浪、古込、東峰といった戦後開拓の部落があった。当時払下げの対象となったのは復員者、戦災者、海外引きあげ者、周辺農家の二、三男とされたという。

周辺農家の二、三男と違って、農業経験のない人たちは本当に仕事もままならない状態がつづ

三里塚の団結小屋

いたようだ。「彼らのなかには昼は食料を得るために他人の畑の開墾を手伝い、自分の畑の開墾は夜しかできない者もいた。一年目に収穫の少なかった家では、冬を越すために翌年の種芋さえ食べつくしてしまった。開墾は進まず、借金だけが増えていった。払下げを受けて、まだ開墾をしていない土地さえすでに抵当に入っている家もあった。」

このように当時の状況は惨たんたるものであった。苦労に耐えられず離農する人も多かった。このような開拓農家だから、買収が簡単だとふんだのであろう。加瀬勉は大竹はなが、なぜ条件派になったか、そのいきさつを述べているが、その背景に、同様な苦労と貧困があった。

満州の開拓団に参加した大竹はなは、戦後引きあげてきて入植した。種まで食いつくす貧苦の中で、子供も養うことができず、長男は母方の実家にあずけ育ててもらっていた。夫の金三と日夜働いてやっと食べられるようになり、長男も自立して小さな製材工場をもつまでに至った。そこに突然やってきた空港建設の話。もしこの話が現実のものになってしまうと、大竹はな一家は大打撃となるのである。

どういう打撃かというと、ひとつはシルクコンビナートが中止になることである。もうひとつは、借金して製材工場を拡大したのに、それもだめになることである。それに金三が倒れるという不運が重なった。こうして大竹はなは条件派になっていったのである。

ここでいうシルクコンビナートとは、基本法農政下で進められた構造改善事業のひとつである。一九六三年頃、農林省が考え出した事業で、農家は養蚕事業のために畑を提供するだけで収入になるというキャッチフレーズで、土地の提供と労働力の供給を目論んだものである。

千葉県は、農業経営規模を拡大して、一八万戸の農家のうち九～一〇万戸を余剰労働力として工業へ振り向ける構想をまとめた。そのために構造改善事業を積極的に推進した。そして三里塚にはこのシルクコンビナート構想が適用され、農家の側も畑を貸すだけで金になると思い、競ってとびついたのである。もっとも、他の構造改善事業の無惨な行く末をみたとき、シルクコンビナート事業がうまくいったとは考えられない。

それにしても、三里塚のシルクコンビナートの事業認定が一九六六年六月のことであった。その同じ月に政府は、富里から三里塚に新空港予定地を変更し、翌月には閣議決定を行ったのである。

シルクコンビナート事業に期待を寄せていた人々は、大きな衝撃を受けたのである。閣議決定の六日後、三里塚芝山連合空港反対同盟が結成され、三里塚闘争が始まるのである。

農業破壊との闘い

私が最初に三里塚を訪ねたのは、一九六七年十一月のことだった。三里塚は長い苦労が実って、やっと素晴らしい農村地帯に変わったばかりの頃だった。〝天皇陛下の土地に空港なんかできるわけがない〟という言葉を、当時何人もの人たちから聞いたのを記憶している。典型的な保守地盤のところだった。それが反対運動の中で変わっていった。

それから三〇年近くが経過した。一九七八年五月二十日に一本の滑走路だけで暫定開港してから二〇年近くが過ぎている。だが、二期工事の完成の目途はまだたっていない。その間残った反対同盟の農家は、運動と農業を両立させながら暮らしてきた。それはまた絶え間ない農業破壊との闘いでもあった。

まず第一に空港建設そのものが農業破壊である。農家は、成田空港が土地収用法にかかわる事業認定を受けた一九六九年十二月十六日以来、強制代執行の発動と対決しながら暮らすこととなった。

しかも、空港建設を進めている空港公団は、一九八九年二月から、すでに買い上げてある土地を塀で囲い始めた。農家の耕作地のまわりにぴったりと、バラ線を使った塀や、金属の塀をつくっていった。それまでは、隣の土地の雑草を抜くことができたが、いまやそれができなくなった。雑草は農業にとって致命的である。また金属の塀の場合、風通しが悪くなって、収穫に甚大な影響が出るようになった。

さらにつけ加えれば、農家の軒下の直前のところまで工事を進めてきている。巨大な土木用機械を家の近くで動かせば、農家の人は眠ることも、体をやすめることもできなくなるし、家もガタガタになってしまう。

第二に、農業近代化路線という農業破壊とも、絶え間なく闘わなければならなかった。基本法農政下でのシルクコンビナート構想もまた、工業への労働力供給を基本的な目的とした農業破壊であった。この構想は空港建設という国家事業によってあえなく潰れるのだが、その事業が目指した近代化の流れは生き残った。

総合農政に移行した後に登場したのが、成田用水事業であった。これは、成田空港が暫定開港した直後に登場してくるのである。

一九七八年十二月一日に「新東京国際空港周辺地域における農業振興のための基本となる考え方」が閣議報告として出された。この中で空港周辺農業の発展をはかることを目的として、成田用水事業などの近代化政策が示されるのである。ここでいう成田用水事業とは、利根川の水を引っ張ってきて、畑地潅漑を行い、大規模な土地基盤整備を進めようという内容のものである。成田空港周辺の農業を、従来型のものから、大圃場をつくり、大型機械を導入した農業へと大転換をはかろう

芝山町のゴルフ場

という目論見であった。

成田用水事業は、空港騒音地域の農家への見返り事業として、また空港周辺の整備計画の一環として進められようとした。しかしこれは、反対同盟員が頑張って行ってきた従来の農業にとってかわり、近代化路線へと乗せていこうというものであった。いってみれば、農家の農業離れを促進させて、反対運動を内側から崩壊させていこうというものだった。

第三に開発の波との闘いも行わなければならなかった。その開発を呼びこんだのが、一九七八年四月十九日、暫定開港の一ヵ月前に施行された騒特法（特定空港周辺航空機騒音対策特別措置法）だった。

騒特法の特徴は、従来の騒音対策とまったく異なるところから出発している点にある。つまり騒音対策のため家屋の改造に資金を援助するのではなく、逆に家を新築したり、増改築してはならない、というのである。それを拒んで新築・増改築すると、県知事は〝移転、除去、用途の変更を命じることができる〟のである。もし、それを拒むと〝土地収用法での裁決を申請できる〟とあり、事実上問答無用の内容をもっている。

しかもこの騒特法では、騒音対策の土地利用として〝スポーツ又はレクリエーションに関する施設〟を入れたために、他の地域では自治体面積の一〜三パーセント以内に規制されているゴルフ場の面積が、はずされてしまった。そのため芝山町を中心に空港周辺に六ヵ所もゴルフ場がつくられ、山林がいたるところで伐採されてしまった。

さらにまた産業廃棄物の捨場誘致にも積極的で、田畑の隣に異様な臭いのたちこめた産廃捨場がつくられていった。また、成田市を中心にハイテク産業を軸とした工業団地づくりも進められ、さらには都心への通勤圏となったことから、ニュータウン建設も盛んである。美しい田園風景は、様変わりし、いつのまにか開発で荒廃した風景に変わってしまった。

三里塚空港反対運動は、このように空港建設そのものへの闘いであるとともに、農業破壊、環境破壊との闘いでもあった。

第七章　新全総と三全総

新全総とむつ小川原

基本法農政とペアで出されたのが第一次全国総合開発計画、一全総だった。次に減反政策等を柱とした総合農政とペアで出されたのが、一九六九年五月三十日に政府発表された新全国総合開発計画、いわゆる新全総であった。

新全総は大規模工業基地建設を柱に、交通・情報ネットワーク化を通して、日本列島全体を国土改造の対象にした。新全総の思想の延長線上に登場したのが、田中角栄による「日本列島改造論」であった。

大規模工業基地建設の柱となったのが北の青森県・むつ小川原開発と、南の鹿児島県・志布志

図2　六ヶ所村開発図

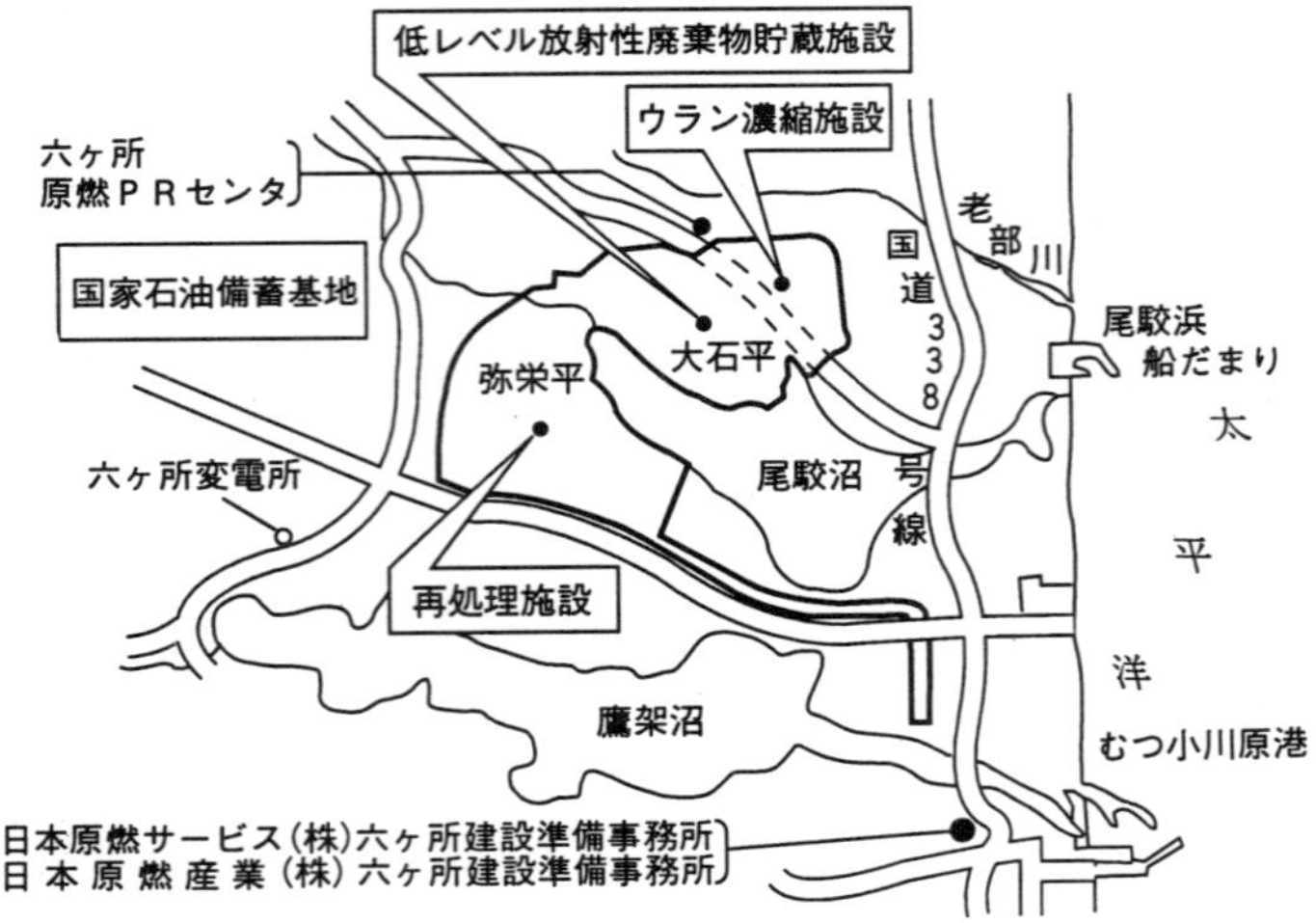

湾開発であった。なかでもむつ小川原開発は、今日、核燃料サイクル基地建設問題で揺れ動いていることにみられるように、その後遺症を今日まで重く引きずっているのである。

むつ小川原開発が計画された六ヶ所村は、それ以前も国策に翻弄されつづけてきた。この村に住む農家は三里塚と同様、戦後外地から引きあげてきて開拓を始めた人たちが多かった。ゼロから出発し、苦労に苦労を重ねて開墾していった土地である。

県は最初、酪農を奨励し、政府が輸入する外国産のジャージー種乳牛を、肉の質がよく、安く飼育できる、というようにいいことづくめで売り込んだ。農家は農協から借金して次々と買い、六ヶ所村は全国第二位の乳牛数となった。しかしこの牛は、寒さに弱い上に乳量も少なく、肉質も悪く、借金だけが残り、酪農は見事に失

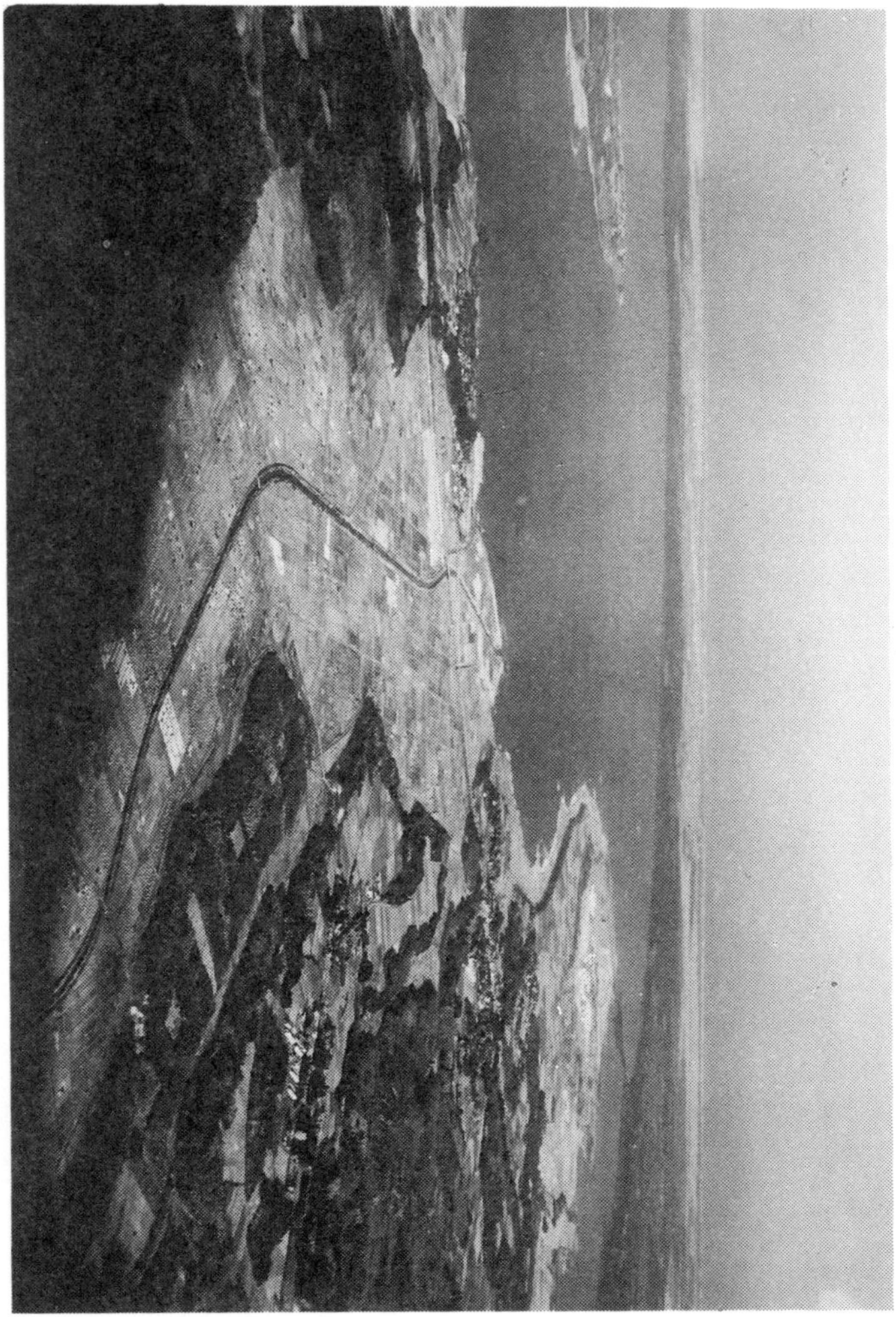

小川原湖全景

敗するのである。

次に県はビート作りを指導した。製糖工場まで誘致した結果、七万八、二〇〇トンの収穫をあげるまでになった。だが一九六三年に農産物輸入の品目が大幅に追加され、自由化率が九二パーセントになったさい、そのなかに砂糖も入り、海外から安く砂糖が入ることになったのである。ビート奨励策は中止され、製糖工場も閉鎖された。

一九六三年、政府はコメの増産政策を進めた。六ヶ所村でもビート畑が次々と水田や陸稲に換えられていった。しかし、七〇年の減反政策は、このコメづくりを直撃した。

こうして国策に翻弄されつづけ、あげくのはてにやってきたのが、大規模工場基地計画である。一九七二年九月十四日、青森県「むつ小川原開発第一次基本計画」が閣議で了解され、新全総のトップバッターとして正式認可された。

こうして土地買収が始まるのだが、その前にすでに三井不動産などの不動産会社が、線引き内の土地を買いあさっていた。むつ小川原開発は第三セクター方式をとって、開発が進められたが、この官民共同方式の中には、土地買収前に土地を買いまくっていた不動産会社も加わっていた。自分たちが安く買った土地を、自分たちも名前を連ねる第三セクター・むつ小川原開発会社に売るという、利権構造が、農家の土地を次々と開発用地へと変えていったのである。

広大な土地が買収された段階で、オイルショックの到来である。不況に突入し、誘致しても来る企業がなかった。広大な荒地が、なすすべもなく放置された。この土地がやがて核燃料サイクル基地の用地に狙われるのである。その詳細については、『面白読本・反原発』（柘植書房刊）をみてほしい。

新大隅開発計画

もう一方の志布志湾開発の方はどうだったのか。

鹿児島県は新全総の前年「二〇年後の鹿児島」を発表、そのなかで志布志湾開発が県の重点政策であることを明らかにした。そのビジョンに基づいて作成されたのが「新大隅開発計画」（第一次試案）だった。

一九七一年、当時の金丸知事は、中央から二人のエリート官僚を呼び寄せた。そのひとり高橋地域開発室長は、新潟出身、東大卒、総理府首都圏開発局にいた若手のエリートだった。もうひとり渡辺県企画室長は、東京出身、東大卒、建設省を渡り歩いてきた、これまたエリートだった。鹿児島とはまったく無縁な二人が現地へ行くこともなく、文字通りのデスクワークで、一週間の短期間でつくり上げたのが「新大隅開発計画」だった。

この計画によると志布志湾を、海岸に沿って全面的に埋め立て、そこに石油産業をもってきて、一大コンビナートを建設することを柱に、大隅半島全体を開発の対象にするというものだった。

志布志湾の開発にともない漁場を奪われる漁民に対しては、「比較的近距離にある種子、屋久等南西諸島近海の資源、特に、大隅半島南東沿岸周辺の底魚資源を重点として（中略）生産力の高い新漁場を開発する」と計画を描いてみせた。

また農家に対しては、「これからの大隅地区の農業発展の中核となるのは園芸、畜産等を中心とした経営規模の大きいしかも新しい農耕技術を駆使し近代的な経営感覚を備えた高生産農家群である。

そこで、これらの高生産農家を昭和六〇年度までにはおよそ七、〇〇〇戸を目標に育成する。高生産性農業は個別家族経営体が主であるが一部生産法人の経営や商社資本経営によるものも見込まれる」とその設計図を描いてみせた。

当時、大隅半島で第一次産業に従事する人は約八万九、〇〇〇人だった。計画は、高生産性の経営と引き換えに、その数を半分に減らすことが目標となっていた。いったい計画に入らない半分の人たちはどうなるのか。このデスクワークは、工業優先、農業切り捨て政策以外の何物でもなかった。

だがこれは、新全総の考え方そのものであると同時に、日本政府が一貫してとってきた政策でもある。

志布志湾には長さ一六キロ、幅一キロにおよぶ壮大な松原がある。この桁違いに大きな松原は、台風から生活を守るために長い間育てられてきた防風林である。自然の破壊力から守るためのものが、美しい風景をつくりあげてきた。その防風林に守られ、一次産業を主体に育まれてきた大

図3　新大隈開発計画

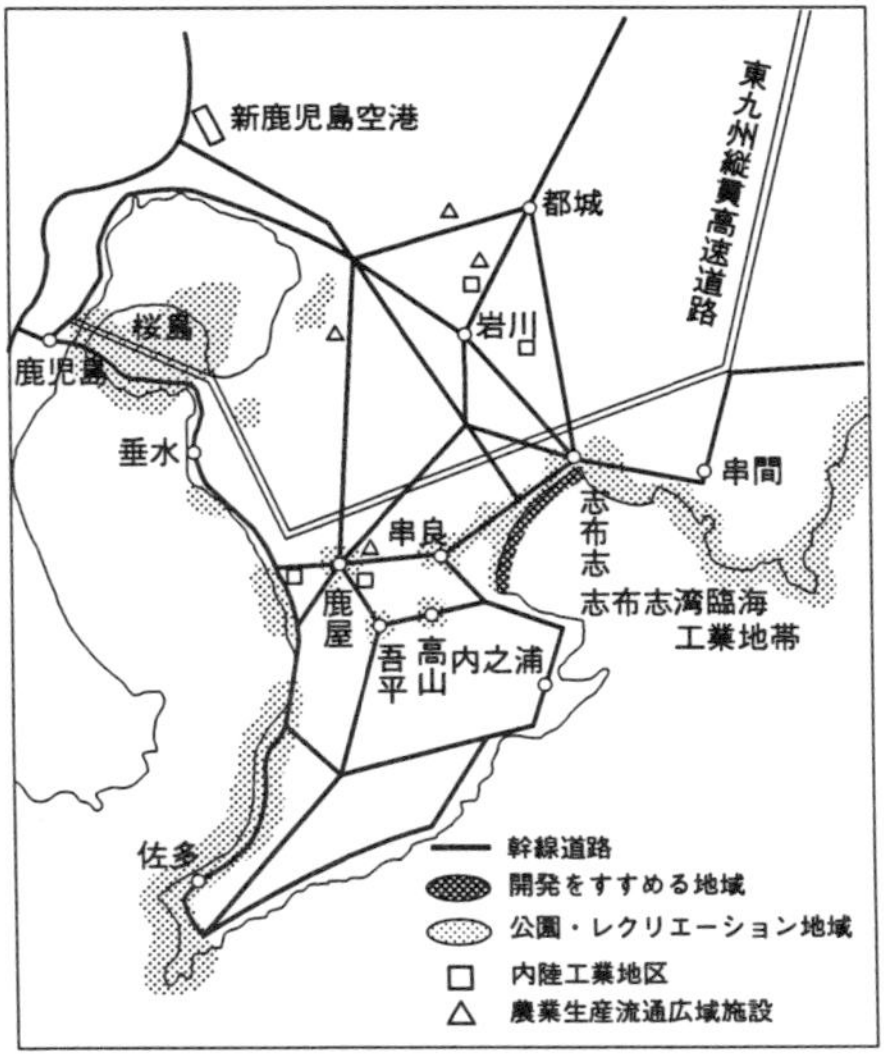

防風林

隅の人々の暮らしを一変する計画だった。

もし計画通りコンビナートが建設されていたら、この美林はいっぺんに枯れてしまったことだろう。不幸中の幸いで、大規模工業基地はできなかった。景気後退が原因である。だが埋め立ては行われた。

新大隅開発計画が正式決定したのは、一九八〇年十二月だった。実に一〇年近い遅れである。この計画は第一次試案のときよりはるかに縮小され、一、〇五〇ヘクタールの埋め立て地に食品加工、造船、石油備蓄などを立地するというものだった。だが景気後退の波をもろにかぶり、石油備蓄以外は目途がたたないことから、県は、石油備蓄基地として埋め立てを進めたのである。

一九七〇年代終わりにむつ小川原開発も、国家の手によって石油備蓄基地が、やっと弥栄平に建設されただけだった。

いったん計画を立てると、意地でも押し通す。一次産業は破壊され、荒廃した土地に、備蓄基地だけが建設された。そこに土地が余っているのだから、ということで次に、どこも引き受け手のない核燃料サイクル基地がつくられつつある。これが青森県での開発の進行だった。志布志湾も類似した進行をたどったのである。

日本列島の各地で用地の買収が進み、コンビナートがつくられるはずだった。その建設計画は頓挫を強いられた。新全総とその後に出た日本列島改造計画は、見直しを迫られた。第三次全国総合開発計画はその見直しから出発することとなった。

第三次全国総合開発計画

一九七七年十一月十四日に閣議決定された第三次全国総合開発計画、いわゆる三全総は、これまでの二度にわたる全国総合開発計画が進めた大規模プロジェクト構想が、地域の発展に寄与し、全国土が均衡ある発展をもたらすという目的とは逆に、東京一極集中をもたらし、地域間格差を広げたという認識に立って作成された。いわく「大都市への人口と産業の集中を抑制し、一方、地方を振興し、過密過疎問題に対処しながら、全国土の利用の均衡を図りつつ、人間居住の総合的環境の形成を図るという方式（定住構想）を選択する必要がある」というものだった。

わかりやすくいえば、大都市の発展を抑え、地方都市とその周辺の農山漁村の振興をはかるというもの、そのための定住構想である。しかしながら、三全総の計画の中身をみていくと、地方都市とその周辺の農山漁村を振興するものとは、ほど遠い内容になっている。

新全国総合開発計画が押し進めた高速道路網づくりと、全国的な情報通信ネットワーク・システムづくりは、交通、通信の拠点としての東京の地位をいっそう高め、一極集中に拍車をかけた。三全総ではこのあたりはどのように考えられていたのか。

経済成長は相変わらずつづくと考え、エネルギー総需要予測で、一九七五年を基点としたとき、九〇年には約二倍の伸びを示しているとみている。工業出荷額でも、同じく約二・五倍の伸びを予測し、その成長路線に乗ってモータリゼーションも進み、乗用車保有台数も一・五倍以上の伸びを示すと想定している。

このようなモータリゼーションの発展をにらんだ道路網づくりが提言されている。とくに力を入れてつくらなければならないのが、すでにある高速道路よりももっと高速で走ることを前提とした高規格幹線道路網づくりに取り組み、それを一万キロ余つくること、また高速道路も四、五〇〇〇〜五、〇〇〇キロ延長すること、と大規模な道路建設計画を打ち出した。

情報通信ネットワーク・システムづくりでも、「定住構想を達成するためには、通信体系のネットワーク形成が不可欠であり……」ということから、情報の高度化・大量化に応じた体系をつくらなければならない、としている。そのために新しいメディアの開発とネットワークの形成へ向けて進むべきであり、とくに情報を大量にたくわえ、利用できるデータバンクの整備、大量の情報を高速処理するデータ通信、光通信などを目玉にした、巨大なネットワークづくりが提言されている。交通網、情報ネットワークとも、新全総のときとは比べものにならない桁違いに巨大なものであり、この考え方は、一極集中に拍車をかける方向以外のなにものでもない。

このように三全総は、地方都市およびその周辺の農山漁村の活性化をうたい、各々の地域の特性を生かした福祉型構想というキャッチフレーズで登場したにもかかわらず、それとは反対の中身をもったものであった。

三全総でいう農山漁村の活性化の中身をもっとも象徴するのが、一九七八年から始まった〝新減反政策〟であった。農林省はこの政策で、三九万ヘクタールという九州全域の水田面積にも匹敵する広さの減反を打ち出した。しかも、これだけの広さの減反を達成することが困難とふんだ農林省は、罰則までも導入した。すなわち、目標未達成の場合その地域には、その翌年にその未達成分を加算するというものである。農民は農業をやめろ、という脅しにも等しい政策であった。

人工都市――筑波

農業を破壊したうえに築かれた人工都市、それが三全総の定住構想のひとつのモデル都市、筑波研究学園都市である。筑波は同時に、産官学一体化を目指した国策都市でもあった。

筑波の地に研究学園都市をつくろうという計画構想は、すでに一九六三年九月に出されていた。各省庁の研究所を移転させ、教育大を廃止して筑波大をつくるなど、その強引なやり方に、労働組合や学生の間で強い反対運動が起きた。

私自身、最初に筑波を訪ねたのは、一九七二年のことだった。谷田部町の農家に泊めていただき、付近を散策した。まだ都市建設は始まっていなかったが、すでに計画は既定のものとなっており、住民は期待と不安の入り混じった状態にあった。筑波山のふもとに広がる広大な農村地帯は、〝関東のチベット〟と呼ばれ、首都圏に近い割には交通の便が悪かった。しかし、平地林が多く、田畑と林が混じりあった実に見事な風景をつくり上げていた。

筑波研究学園都市づくりは、平地林を生かし、田畑を潰すことから始まった。それまでこの地域では、平地林にたまる豊かな土壌を利用する形で農業が行われてきた。平地林の木を切り田畑に変え、一方、田畑に木を植え平地林をつくるという、交互に利用し合う形で農業が行われてきた。この生態系の利用の連鎖を断ち切ることから都市づくりが始まったのである。

いま筑波研究学園都市を歩くと、数多くの公園に出会う。かなり広い敷地面積を持った公園で、緑も豊かだ。これがかつての平地林の名残である。

都市建設は、田畑をつぶしたところに通産省や農水省など各省庁の研究機関をブロックごとに分けてつくり、さらに大学ブロックをつくり、研究者や教職員、学生などのための住宅地を確保するというやり方をとった。

一九八一年に約一〇年ぶりに筑波を訪ねたが、その様変わりにはびっくりした。山手線の内側の広さに匹敵するといわれる広大な土地が整備されていた。農村地帯の面影をいくらか残しながらも、太い道路が縦横に走り、巨大な研究所の建物が並び、いかにも人工の都市という感じがした。

都市建設が始まった一九七五年当時、四二パーセントを占めていた一次産業就業者の割合は、八五年には一八パーセントにまで激減していた。徹底した農業破壊の上に築かれた人工都市である。

筑波研究学園都市といっても、当時そういう都市があったわけではなく、六つの町村にまたがって建設が行われた。町村合併の話は浮上しては消えていった。そして一九八七年十一月三十日に、やっと筑波郡の三町一村が合併、八八年一月、新たに新治郡の一町が加わり、つくば市が誕生した。都市の一画を占める稲敷郡茎崎町は、ついに合併に反対したまま、今日に至っている。

壮大な失敗作

一九八一年に筑波を訪ねたのは、当時、理化学研究所がライフサイエンス研究施設として、危険な微生物実験を行うさい、もっとも封じ込めレベルの厳しいＰ４施設を含む研究施設をつくろうとしていたことにからんでであった。

このＰ４施設建設に反対している住民のほとんどは、研究学園都市に一戸建ての住宅を構え、東京などに通う新住民と呼ばれる人たちだった。筑波に、そういう住宅街が徐々に形成され始めた、そのはしりの時期であった。

当初、都市計画構想では、都市完成時には二〇万都市となる予定であった。一九七〇年時点の人口が、七万強であることから、二〇万都市はそれほど非現実的な数字ではなかった。だがそこには重大な誤算があった。産官学一体化の都市づくりのはずが、「産」がこなかったのだ。建設が始まったのが七〇年代中頃、景気はすでに後退期に入っており、進出してくる企業がなかった。建設が一段落した八〇年の人口は、やっと二万人強であった（五町村合計）。

図4　筑波学園研究都市

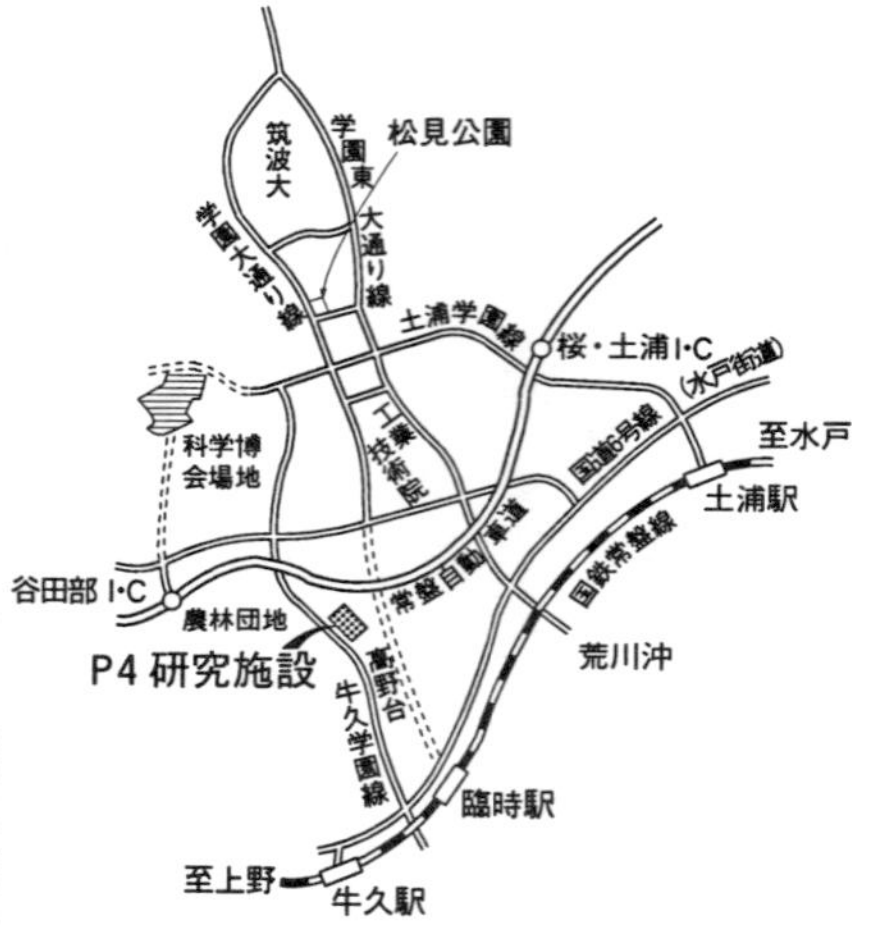

誤算はほかの面でもいくつかあった。例えば「学」において当初、筑波大学は、産官学協同のひとつの柱になることが予定されていた。ところが福田信之学長（当時）は、大学をガンジガラメの規則でしばった、徹底した管理大学にしてしまった。硬直した大学は、同時に産官学協同路線としても機能しないのものとなり、研究学園都市の失敗作となってしまった。

さらに大きな誤算は「官」にもあった。各省庁研究所では職住接近で効率よい研究開発が進められることになっていた。それが移転の最大の目的でもあった。しかし、しばらくの間、東京から通勤する人も多く、しかも移住した研究者の間で自殺者が出るなど、人工都市の内実はガタガタであった。

一兆五、〇〇〇億円も投じ、三全総のいう定住構想の目玉として都市建設を進めながら、なかなか思うように展開していかないのが、筑波研究学園都市であった。しかも都市づくりのための特別交付金の期限が一九八五年に迫っていた。国としても、県としても、なんとかしなければならないというあせりから浮上してきたのが「科学博」であった。八五年にこのイベントを成功させ、いっきに都市づくりにはずみをつけようというものだった。

科学博は、総額五、〇〇〇億円をかけ、日本の科学技術の優位性を世界に誇る場として設定された。技術ナショナリズム宣揚のためのイベントとしての意味合いが強かった。各パビリオンもエレクトロニクス技術をフルに用いて演出された。パリの国際博覧会条例事務局からは「科学技術」をテーマにしてはまかりならぬ、「居住」にしろ、と指令されたにもかかわらず、日本側は「科学博」で通したのである。

筑波研究学園都市

一九八四年十月二十九日、当時の首相・中曾根康弘が、自衛隊のヘリコプターで、科学博の建設地と東海村の原子力施設を見学した。それを博覧会協会の副会長で事実上の科学博の主役、江戸英雄・三井不動産社長が出迎えた。中曾根首相は「先端技術を見ると、心強く、元気が出る」と述べた（いばらき新聞）。

巨大なテクノポリスを目指した筑波研究学

園都市、その都市づくりにはずみをつけようとして、こうして一九八五年科学博が行われたのである。

瀕死の霞ケ浦

なぜ筑波に研究学園都市をつくろうとしたのだろうか。それにはいくつかの理由があげられる。まず第一に東京に近いことがあった。常磐線で上野から一時間ぐらいの距離にあること、常磐自動車道をつくってそれを利用すれば、首都圏からわずかの距離であることが、あげられる。

第二には、成田空港に近いことがあった。成田市より北西に約四〇キロメートル、国際都市として絶好の位置にあるとふんだのだ。

第三に霞ヶ浦の水があった。国や県など立案する側からすれば、単に工業に用いることができる水があるということなのかもしれない。しかしながら霞ヶ浦で生きている漁民がいて、農民がいる。湖の水を用いた農地は一万九、〇〇〇ヘクタールにも達し、しかも水道水にも用いられている大切な水なのである。

霞ヶ浦は、しかし徐々に瀕死の状態においやられつつあった。その原因こそが、鹿島開発のところでふれた、逆水門である。霞ヶ浦は一番大きな西浦と北浦、そして利根川本流とのつなぎの役割を果たしている常陸利根川の三つから成り立っている。逆水門はその常陸利根川が利根川本流と合流して海へ注ぎ込む出口につくられた。

当初、逆水門がつくられた理由は、農業用水を確保することにあったとされている。霞ヶ浦の水の特徴は、満潮時に利根川をさかのぼって海水が入ってきて、適当な塩分が含まれることにあった。微妙な塩分の量が霞ヶ浦を豊かな湖にしていた。逆水門は、この塩分が農業用水として不適であるということで設けられた。完成は一九六三年であった。

最初、漁業との共存をはかるため、逆水門の閉じられ方はそれほど多いものではなく、年間三分の二は開放されており、霞ヶ浦の生態系は守られていた。ところが霞ヶ浦の水を工業用水に利用しようとしたところから、おかしくなったのである。

一九七〇年に鹿島コンビナートが操業を始め、霞ヶ浦の水を工業用水に使い始めた。七二年からは逆水門は全面閉鎖となり、霞ヶ浦の生態系は一挙におかしくなり始めたのである。

まず壊滅に追いやられたのが常陸利根川の天然シジミ漁である。一九七一年のことだった。塩分の乏しい水にシジミは生きられなかった。七三年夏、霞ヶ浦はアオコで一面おおわれ、今度は伝統あるワカサギ漁が崩壊、やっと定着し始めていた養殖の鯉も大量に斃死してしまった。

漁民は逆水門開放を求めて闘ったが、その要求は無視されたまま被害は拡大していった。工業用水を確保しようとして、貴重な水系はすっかり破壊されてしまったのである。そして、都市建設のためにその水をさらに収奪しようというのである。しかも、筑波研究学園都市は、同時に霞ヶ浦の汚染源でもあった。研究所や工業団地などの廃水が大量に注ぎ始め、汚染は悪化の一途をたどったのである。

科学技術立県

なぜ筑波に研究学園都市をつくることにしたのか、その第四の理由が、地元茨城県が大変に熱心だったことがあげられる。これには二つの意味があった。ひとつは三井不動産の存在である。千葉県、茨城県では三井不動産が政治的に暗躍していた。例えば東京ディズニーランドの敷地など、東京湾埋め立てについては「利権の海」とまで呼ばれたが、同社はその埋め立てで大変な利益をあげた。鹿島開発でも三井不動産が動いた。

三井不動産の江戸英雄社長、京成電鉄の川崎千春社長、千葉県の友納知事（いずれも当時）が中心になって旧水戸高グループを形成、それがバックボーンとなっての利権形成があった。

筑波開発でも三井不動産が中心となった。科学博の主役が江戸英雄であったのは、そのためである。その利権の象徴ともいえる三井不動産ビルが、現在つくば市の中心に巨大な姿を誇示している。

もうひとつは、茨城県を科学技術立県にしようという岩上二郎知事以来の県の方針というものがあった。これには日立製作所がからんでいる。日立製作所は茨城県に本拠をおく巨大企業だが、この日立が三井不動産とリンクして、いくつかの構想がねられた。

つくば「科学博」会場

例えば水戸射爆場の跡地利用をはかったのが、日立製作所と三井不動産である。水戸射爆場跡地に工業都市を建設し、それと筑波テクノポリス、鹿島コンビナートをつないだものを、ゴールデントライアングル構想と呼んだ。それに日立、原子力施設が集中立地する東海村、そして筑波をつなぐラインを、テクノリンケージ構想と呼んだ。この二つをクロスさせて、茨城県を科学技術立県にしようというものである。そして両者の要の位置にあるのが筑波研究学園都市であり、巨大なテクノポリス都市を建設したいというのが悲願であった。

人工都市の未来

一九八五年の科学博以降、筑波研究学園都市のテクノポリス化が順調に進み始めた。それは科学博の成功によってもたらされたものではない。内需拡大に伴う景気上昇によって、つくば市にある工業団地に、企業が集まるようになったことがあげられる。

いまつくば市には多くの工業団地がある。上大島工業団地、東光台研究団地、筑波北部工業団地、つくばテクノパーク大穂、つくばリサーチパーク羽成、つくばテクノパーク豊里、そして科学博の跡地利用である筑波西部工業団地、そして造成中のつくばテクノパーク桜などである。そのいずれにも企業が進出してくるようになった。

研究者も筑波に定着し、自殺者が相つぎ話題となった〝灰色〟のイメージも過去のものとなった。それに加えて宅地化も進んだ。東京への通勤者も増えている。一九九〇年一月一日現在の人口は一四万人を突破し、増加の勢いは止まりそうにない。だが、それにともなって地価が高騰、マイホームの入手難が深刻になってきた。

そして、地価高騰に追い撃ちをかけたのが常磐新線建設問題である。都市建設は新線によって一挙に進むとみられるが、それによって筑波研究学園都市の環境が破壊されることが懸念される。地元でこの問題に取り組んでいる、つくばの街づくりを考える会の酒井泉は、筑波研究学園都市の環境を支えている平地林の破壊をとくに懸念している。

広くて豊かな農村を潰して開発が進められた人工都市、筑波研究学園都市は、政府が押し進めてきた総合開発の生き証人として、今後さらに自己増殖をとげていくことになりそうである。

第八章　食品産業・外食産業の肥大化

食べものは工場でつくる

総合開発計画が農業政策とリンクして、一次産業を破壊してきた様を具体的にみてきた。次に、もう一つの農業破壊者、食品産業についてみてみよう。

第二次大戦が終わったとき、日本の食品産業は、深刻な食糧難と食糧統制の中から出発せざるを得なかった。小さな工場が各地域に雨後のたけのこのように多数できたが、やっとの思いで食いつなぐといった苦難のスタートであった。

そんななかで大手企業は、他の業種に取り組み成功していった。その代表例が味の素が行ったＤＤＴ生産である。焼け残った工場を利用し、一九四七年五月から原剤の生産を始め、五一年に子会社に移すまで生産をつづけ、味の素復興の足がかりにした。明治製菓はペニシリンやストマイなどの医薬品でもうけ、経営の基盤をつくっていった。

ＧＨＱによる占領救済資金で小麦が徐々に入り始め、一九五二年六月には麦類の統制が撤廃された。この背後にアメリカの食糧戦略があること、アメリカから入る小麦の量が徐々に増えていき、それが五四年のＰＬ四八〇号と、それによる学校給食法の登場につながっていったことはすでに述べた通りだが、アメリカから入る多量の安い小麦がパン以外にもひとつのユニークな食品を生み出した。五八年に日清食品がつくった、日本で最初のインスタントラーメン〝チキンラーメン〟である。

この画期的な製品がつくられるためには、もうひとつ重要な要素が必要であった。それは食品添加物である。チキンラーメンは、食べもののイメージを一変させた。お湯を注いで三分間待つだけでホカホカのラーメンになります、というキャッチフレーズは、インスタント時代の幕開けであるばかりでなく、食べものの工業化の本格的な幕開けであった。それを可能にしたものこそ、食品添加物であった。

チキンラーメンは添加物の陳列場であった。小麦粉に添加物をいろいろ加えて〝食べもの〟が加工されたのである。食べものといえば、カビが生え、腐るなど、新鮮さが持続しないため、産業としては大規模な生産がしにくい分野であった。ところが添加物は、腐らず、陽ざらしにしても耐えられる〝食べもの〟を可能にし、大量生産を可能にした。食べものの工業生産化時代の幕開けであった。

食品添加物はその後も増えつづけ、一九六二年に三四六種類にまで達し、この段階で一通り出そろったといえる。以降、使用禁止となるものと、新しく認可されるものとがバランスして、種類の数は横ばい状態になるのである。

そして添加物が出そろったこの時期に食品産業に大きな影響を及ぼすことになる法律がつくられた。一九六三年に通産省は中小企業基本法を国会に上程した。同法は同年七月二十日に公布されることになる。中小企業基本法は、ちょうど、農業基本法と対の形で出されており、農基法が近代化という名の下に農業の再編をはかったのと同じように、中小企業基本法は、中小企業の近代化をはかるという名の下に、実は中小零細企業の切り捨てを促進した。

この法律の適用範囲は全業種に及び、各地域に根ざし、小さいながら頑張っていた中小零細企業を淘汰することになり、その一方で全国に展開する大企業がいっそう強力な力をもつようになっていった。小さい企業は、大企業の傘下に入るか、倒産するか、どちらかの道を選ぶことを強いられたのである。

寡占化が進む

中小企業基本法によって、例えば町のパン屋さんはどんどん少なくなっていった。パン・菓子屋さんの数は、一九六〇年には二万七、三六七軒あったが、それが一〇年後の七〇年には二万三、三三四軒に、八〇年には一万八、九六〇軒という具合に数を減らし、生き残ったところも、大手企業の傘下に入るところが増えていった。

パンは本来、つくってからせいぜい二時間ぐらいで食べるのが理想とされている。しかし添加物を入れ、長距離輸送が可能になったことで、量産によるコストダウンがはかられ、町のパン屋さんの中で、ヤマザキや敷島などの大手の製造元のものを販売するだけの店が増えていったのである。それは〝生きたパン〟を減らし、〝死んだパン〟を増やしていった。

しかも食品添加物のはんらんは、消費者の健康に有害なものを増やし、とくにがんや遺伝障害などで、大変な脅威をもたらすようになったのである。

もちろんこのような、中小の店が潰れていく傾向はパン屋さんだけの問題ではない。食品産業全体にもいえることである。食品工業の事業所数は、一九六〇年に約一〇万軒あったが、七〇年には約九万軒となり、八〇年には約八万三、〇〇〇件と減少をつづけていった。

全体が減少するにつれて、大手企業による寡占状況も進んでいった。一九七一〜七三年頃には、インスタントラーメンでは、上位三社のシェアは六一・三パーセントに達している。サンヨー食品が三一・三パーセント、日清食品が一五・六パーセント、東洋水産が一四・四パーセントである。インスタントコーヒーでは、ネッスル一社で六七・七パーセントを独占、ゼネラルフーズの二四・五パーセントを加えると、ほぼ二社で独占という体制がつくられた。ウイスキーはサントリーが六四・三パーセントで、やはりニッカの二五・一パーセントを加えると、二社での独占体制がつくられた。各地域で育ってきた醤油もまた工業化とともに淘汰が起き、キッコーマンが三一・二パーセントを占め、二位のヤマサ（七・三パーセント）以下に大差をつけたのである。チューインガムではロッテが四七・五パーセントと、ほぼ市場の半分を制するまでに至った。

このような寡占化が進むには、いくつかの条件が必要であった。なかでも、もっとも大きな条件は、大量生産したものを流通させる「流通革命」が起きたことである。とくに自動車産業の急成長は、流通を大きく変えることとなった。自動車は文字通り高度経済成長のけん引車となった。一九六〇年の生産台数は年間わずか四八・二万台であった。それが、七〇年には五二八・九万台に、八〇年には一、〇〇〇万台を超え、九〇年には一三四八・七万台にまで増加したのである。流通革命を担った貨物でみると、貨物自動車の総輸送量・距離数は、六〇年には二〇八億一〇〇万トン・キロであったが、それが七〇年には一、三五九億一、六〇〇万トン・キロ、八〇年には一、七八九億一〇〇万トン・キロにまでなったのである。

販売面で流通革命の主役を演じたのは、地域の小売店の存在を脅かしながら急成長をとげた、スーパーマーケットであった。チェーンストア化を展開したスーパーは、仕入れで大量に買い入れ、人件費を削減したいわゆるセルフサービス方式をとり、徹底したコストダウンを一方ではかりながら、他方で大量宣伝を行い、安い価格で売り出し、大量販売を行った。このようなやり方に対して、それまで地元でコツコツ商売してきた小売店は太刀打ちできず、廃業・転業を強いられるところが相ついだ。スーパーが進出すると地域の商店街は変わらざるを得なかったのである。

一九六四年から七四年までの一〇年間の変化をみてみると、その間の売上げで小売業は全体で四・八倍の伸びであったのに対して、スーパーは一〇・八倍という伸びを示した。店舗数でも、小売全体で一・二倍の伸びであったのに対して、スーパーの中心であるセルフサービス店（売場面積の五〇パーセント以上をセルフサービス方式をとっているところ）は、三、六二〇店から一万二、〇三四店へと、三・三倍の伸びを示している。

食科品だけに限ってみても、セルフサービス店では、この時期すでに一兆円の売上げをあげている。その後もどんどん売上げを増やし、八五年には三兆一、八六八億円の売上げに達しているのである。

なお、食科品以外のものも含めた全体のシェアをみてみると、セルフサービス店は一九七〇年代には、すでに二〇パーセントのシェアを誇るまでになった。八五年にはその数字を四四・二パーセントにまで引きあげている。スーパーマーケットは、自動車と並んで、流通革命の主役であった。

広告費を投じることで生き残る

流通革命を脇で支えたものも多かった。そのひとつが電気冷蔵庫の普及であった。家電製品は自動車と並び高度成長をけん引したもう一つの主役であった。一九六〇年代の三種の神器はテレビ、電気冷蔵庫、電気洗濯機であり、いずれも家電製品であった。六〇年代初めは、わずか一〇パーセントぐらいだった電気冷蔵庫の普及率が、七〇年には実に八九・一パーセントにまで達している。ほぼ一家に一台行き渡ったことになる。

電気冷蔵庫の普及を象徴するのが、冷凍食品の生産量の増大であろう。一九六五年当時は、わずか二万六、四六八トンだった生産量が、七〇年には一四万一、三〇五トンに達し、八〇年には五六万二、一六五トンという数字を示すまでに至ったのである。冷凍食品もまた寡占化が進み、七〇年代初めにはニチレイが三二・八パーセント、日水が一七・九パーセントと、二社でほぼ半分を制するまでになったのである。

寡占化を促進したもうひとつの原因として、広告費の増大があげられる。食品産業は、もともと広告費が多い産業だった。その広告費の増大をうながしたのがテレビの普及である。テレビのCMを中心に繰り返し、繰り返し大量宣伝が行われ、消費者の購買意欲をあおった。大手企業は、宣伝をすればそれに応じて売上げを伸ばしていったが、逆に宣伝費をかけることができない小さな企業は、ますます市場から締めだされていくことになった。

食品産業の広告費がどれほどのものかを数字でみてみよう。一九七七年テレビ、ラジオ、新聞、雑誌の四大メディアに投じられた宣伝費は、食品・飲料・嗜好品は二、三六二億円だった。やはり宣伝費をかける化粧品・トイレタリーの九二七億円、自動車・関連品の五九二億円と比べてみても、いかに多いかが分かるであろう。一〇年後の八七年にはどうなったか。食料・飲料・嗜好品は倍増の四、五二七億円となり、化粧品・トイレタリーの一、八二八億円や、自動車・関連品の一、五〇六億円と比べて、やはり圧例的に多い。業種別では、他を圧して、もっとも多くの広告を行っているのである。しかも、広告費を投じることができる大企業だけが成長し、小さい企業が淘汰されていったのである。

外食産業の肥大化

このような食品産業の肥大化・寡占化の進行の中で、消費者が食べものに支払う金額がどのように変化したかをみてみよう。

	一九六三年	一九七〇年
穀物	二三・〇%	一四・二%
生鮮食品	三四・七%	三六・二%
加工食品	四二・三%	四九・六%

このように加工食品の消費量の増大が、穀物の消費量の減少をもたらしていった。一九六六年

に穀物は二〇パーセントを切り、七〇年には一五パーセントも切ってしまった。そして加工食品が半分近くまで達するのである。政府の政策が、食品産業の肥大化と寡占化を押し進め、そして人々の穀物離れを導いたことがよくみえる。

それでは一九七〇年代以降、どのような変化が起きたのだろうか。それについては最終消費者が支払った食べもの代が、どのような形で分配されていくかをみるとよくわかる。

	一九七〇年	一九八五年
農産物（国産）	二五・五％	一五・八％
流通産業	二六・四％	二六・八％
食品工業	三一・二％	三二・八％
飲食店サービス	九・四％	一七・九％
その他	七・五％	六・七％

高度成長期は、流通革命を基盤に食品産業が農家の家計を圧迫したが、一九七〇年代以降は様変わりをみせる。この統計で分かることは、農家への分配が減った分、飲食店サービスが吸収してしまったのである。外食産業などが急速な増加をみせ、農家の家計を圧迫していったのである。

なぜこのような変化が起きたかを、次にみていきたい。そのひとつの例としてファーストフード店をとり上げてみよう。

ファーストフード店隆盛のきっかけは、一九六九年の第二次資本の自由化であった。六七年に第一次自由化が行われたが、この段階では外食産業に関しては、資本金一、〇〇〇万円以上、従業員五〇人以上に限り、五〇パーセントの対等合弁事業が認められただけだった。そのためこの時期には、外国資本の目立った進出はなかったのである。

一九六九年の第二次自由化で、飲食業に関しては、完全な資本自由化がはかられ、外国資本の日本への進出の気運を盛り上げた。そして、そのきっかけをつくったのが、七〇年に大阪で開かれた万国博覧会であった。万博の目玉商品のひとつであったアメリカンパークに、ケンタッキー・フライドチキンが出店、成功をおさめた。この成功がファーストフード産業の日本進出を加速させたといっていいだろう。

一九七〇年五月に、㈱ダスキンが米国のミスター・ドーナツと提携して、ミスター・ドーナツ事業部がつくられた。そしてミスター・ドーナツ一号店が七一年四月に、大阪府箕面市で開店した。七〇年七月には日本ケンタッキー・フライドチキン㈱が設立され、一号店が七〇年十一月、名古屋市西区の名鉄ショッピングセンターに開店した。

七一年五月には、藤田商店、第一屋製パンと米国マクドナルド・コーポレーションが合弁で、日本マクドナルド㈱を設立、同年七月には東京銀座四丁目の三越デパートに一号店をオープンさせた。このマクドナルド一号店は、ものめずらしさも手伝って、七二年十月一日の売上げが二二一万円に達し、マクドナルドの世界記録を更新したのである。

チェーン展開するファーストフード店

㈱ロッテリアが設立されたのが一九七二年二月である。ロッテリアは七二年九月に、東京、日本橋高島屋に一号店を、上野松阪屋に二号店を同時出店したのである。

　ファーストフード店の特徴は、急速なチェーン展開を行う点にある。安く、早く、全国どこでも同じものを出すこと、従業員のサービスもマニュアル通り、誰がやっても同じようにできる方式、しかも従業員のほとんどがアルバイトかパート労働でまかなうというところに、急速なチェーン展開を可能にするコツがある。

　以上あげた四社は、一九七三年末までのわずか二年以内に計二三八店を出店したのである。売上げも一社平均年二五億円になった。ちなみに一九八八年末段階では、これにモスフードを加えた五社の総店舗数は、三、三五九店に達し、売上げも一社平均年九一七億円に達するのである。

ファーストフード店のもうひとつの特徴は、大量の宣伝費を投じることである。テレビの画面で繰り返し、繰り返し同じ宣伝が行われる。なかでもマクドナルドの広告戦略は強いインパクトを、とくに子どもたちに与えたのである。「味なことやるマクドナルド」というフレーズに乗って、子供、若者、家族づれがファーストフード店を訪れるようになった。

ファーストフード産業は、一九七二年十一月にハンバーガー用牛肉の確保のために「日本ハンバーガーチェーン・アソシエーション」を設立、牛肉自由化へ向けての一大圧力団体となった。日本ハンバーガーチェーン・アソシエーションは、翌年三月には「日本ハンバーグ工業協会」と一緒になり、「日本ハンバーグ・ハンバーガー協会」となるのである。

外食産業はファーストフード店以外にもたくさんのものがある。その隆盛の出発点となったのは、一九六五年五月に東京・渋谷に第一号店をオープンしたサッポロラーメンの札幌やであろう。六七年六月には同じサッポロラーメンの「どさん子」第一号店が東京・両国にオープンした。「どさん子」はわずか一年以内に一〇〇店の出店を達成するのである。六七年段階で一〇〇店を超す外食産業は不二家、養老の瀧、伯養軒、アートコーヒーがあった。ちなみに一九六六年段階での外食産業の市場規模は一兆一、七〇九億円であった。

この市場規模は、七五年には八兆六、二五七億円になり、さらに一〇年後の八五年には一九兆四、〇七三億円に達するのである。食生活そのものを変えながら、急成長をとげていった。

再び消費者が支払う食費が、穀物、生鮮食品、加工食品の間でどのように変化したかをみてみよう。

	一九七〇年	一九八五年
穀物	一四・二％	九・四％
生鮮食品	三六・二％	三五・五％
加工食品	四九・六％	五五・一％

穀物はついに一九七九年に一〇パーセントを切り、八五年には九・四パーセントまで下がってしまったのである。その結果、前にみたように、八五年段階で、最終消費者が支払った飲食費が農産物（国産）に分配される割合は、実に一五・八パーセントにまで下がってしまうのである。

第九章　日米摩擦のなかの食糧

没落するアメリカ

一九七〇年代のアメリカは、工業生産で軍需に片寄り、民間での競争力を失い、相対的に弱体化していた。アポロ計画を中心にした宇宙開発も、民生用の技術へ生かされたものはコンピュータ関連以外ほとんど出てこなかったため、技術開発力も弱まってきていた。国の財政も徐々に赤字幅を増やしていた。ジョンソン大統領時代七〇億ドルほどだった財政赤字は、ニクソン大統領時代になると二〇〇億ドルに、フォード時代には六三〇億ドルと、徐々に累積させていった。

その一方で農業は、戦略転換の成功から、黄金の一九七〇年代を謳歌していた。小麦の生産高は、七〇年＝三、六七八万トンが、八〇年＝六、四四九万トンに増大した。大豆は、七〇年＝三、〇六八万トンが、八〇年＝四、九四五万トンに増え、トウモロコシも、七〇年＝一億五四六万トンが、八〇年＝一億六、八八六万トンに増大した。いずれも大幅な生産の増大である。こうしてアメリカは七〇年代を通して、コメを除く世界の穀物の四分の一を生産するまでになったのである。まさに農産物こそが、アメリカ経済の中心になっていったのである。

アメリカの工業界は、一九七〇年代を通してずっと、その国際的競争力を低下させつづけてきた。米国製工業製品は、先進工業国の輸出品に占めるシェアを低落させたばかりでなく、自国内におけるシェアも低落させていったのである。

一九七一年、アメリカは貿易収支で二〇億ドルの赤字を出した。その七一年、ニクソン大統領は年頭の特別教書で、科学技術政策の歴史的転換をはかった。それまで宇宙・軍事に突出していた科学技術政策を根本的に見直すべきだとしたのである。この宇宙・軍事への突出は、科学研究・技術開発での分野が限られ、とくに民生技術でめぼしい成果をもたらさず、このままいくと国際競争力で地盤が崩れていくことがみえてきたからである。事実、この結果は一〇年後の一九八〇年、日本との関係で、自動車産業でトップの座を奪われ、半導体で輸入国に転じたことで裏付けられていくのである。

日米貿易摩擦が始まるのが一九七一年からである。七一年の繊維での輸入規制、七二年の鉄鋼での輸入規制がその出発点であった。六〇年代の高度成長期に巨大な生産力をもった日本経済が、没落する帝国アメリカ市場を徐々に蝕み始めたのである。

日産追浜工場岸壁

上昇するニッポン

日本の重厚長大産業は、一九七〇年にすでに過剰生産状態に陥っていた。各地に出現した巨大プラントが稼動を始めた途端のことである。これにつづいて起きた七一年のドルショック、七三年のオイルショックで、七〇年代前半には家電も、鉄鋼も、造船も、石油化学も、相ついで不況へと突入した。

世界的に景気が後退したこの時期、世界の中で、日本ほど素早く対応し、うまく乗り切った国はなかった。それにはいくつかの要因があげられる。

ひとつは一九七〇年代以降の戦略産業として、コンピュータ、エレクトロニクス、情報産業を位置づけ、国が主導して、思いきった育成策をとったことがあげられる。これについては、『面白読本・電子立国ニッポン』（柘植書房刊）をみてほしい。この育成政策は成功し、八〇年代に入ると、日本の企業は、ハイテク分野で世界の先端を走ることになるのである。

ふたつめは、国家政策として原子力発電、高速道路や空港建設などの大規模プロジェクトを、強力に押し進めたことである。防衛費の急増も含め、国は思いきった経済の底上げをはかった。

そして第三番目は、自動車産業を中心に重厚長大産業が、思いきった輸出拡大をはかり、それが成功したのである。その最大の市場がアメリカ合衆国であった。

そして第四番目が、企業内で労使一体となって進めた〝減量経営〟の成功である。日本の大企業は徹底した合理化を通して、一方で経営の基盤を強固にするとともに、他方で労働組合の御用化に成功していくのである。

一方で国家が先導しながら全体の工業力、技術力の基盤を強固にしていった。他方で企業自体が徹底した合理化を進めながら輸出増大をはかった。それが車の両輪となって日本は世界的不況を乗り切り、一九八〇年代に〝ジャパン・アズ・ナンバーワン〟といわれる状態をつくり出していったのである。

日本の工業製品は世界に向けて流れていった。その量は年々拡大し、輸出大国といわれるまでになっていった。その行先はアメリカ合衆国が中心であった。アメリカの方は工業力が地盤沈下し、農業が黄金の七〇年代を謳歌していた。その衝突が七八年にまず起きるのである。

一九七八年、一年間に及んだ日米農産物交渉がそれである。貿易収支で大幅黒字国となった日本と、赤字国に転落したアメリカ。年間一〇〇億ドルに及ぶ対日輸入超過を記録したアメリカ政府・産業界は、その後ずっとつづく激しい対日批判の口火を切ったのである。その批判は当時の福田赳夫首相をして「第二次大戦前夜のような緊張状態」と述べさせたほどのものだった。

こうしてアメリカは、日本に対して最大の戦略商品となった農産物の自由化を迫ったのである。そのターゲットは牛肉、オレンジ、果汁の輸入規制撤廃であった。一年間に及ぶ交渉の結果、輸入枠の大幅拡大と、豚肉や鶏卵などの関税引き下げという決着をみた。日本政府は農家を犠牲にして、自動車などの工業製品を優先する形で合意を交わしたのである。

対ソ制裁の失敗

この間のアメリカの食糧戦略の転換は、自国内の農業政策も大きく変化させていった。対外的な保護主義から市場原理への移行は、国内においても市場原理をもたらしたのである。これはアメリカ農業の構造的変化をもたらした。

まず第一に輸出用穀物へと農産物生産の転換がはかられていったことである。土地の造成も活発に進められていった。その新しく造成したところでは輸出用作物がつくられていった。これを進めたのは、巨大な資金力をもつ大規模農家だった。

こうして第二に、中小の農家を中心とした農業から、大規模な農場経営者による農業へと変わっていったのである。その結果、アメリカの穀物輸出は、一九七〇年代初めの三、九〇〇〇万トンから、八〇年代初めの一億一、〇〇〇万トンへと、約三倍の伸びを示したのである。これを金額に直すと、七〇億ドル（六九／七〇年）から四三八億ドル（八〇／八一年）と、約六倍の伸びとなったのである。そして世界の穀物輸出量の六割を制するまでになった。

この構造の変化を技術的に支えたものこそ「緑の革命」がもたらした、高収量品種（ハイブリッド品種）の開発だった。こうして第三として、高収量品種の開発の結果、限定された品種による量産化が進行したのである。ハイブリッド化の進行は、一方で土地を酷使するとともに、他方で作物を弱くし、そのため農薬を多量に使うようになるとともに、バイオテクノロジーの技術的重要さを、いやがうえでも高めるようになったのである。このことについては、後でまた述べる。

このように、アメリカの農業は構造的に地殻変動を起こしながら成長をとげていったが、その成長にかげりをもたらす事件が起きた。ソ連のアフガニスタン侵略をめぐって、当時のカーター大統領が行った、対ソ制裁であった。

一九七九年十二月二十七日、ソ連軍はクーデターに介入する形でアフガニスタンに侵攻した。この事態に対してカーター大統領は、ただちに対ソ制裁措置を発表、モスクワ・オリンピックのボイコットなどいくつかの項目を発表したが、制裁の中心はなんといっても、対ソ穀物禁輸であった。

しかしながらこの制裁はものの見事に失敗するのである。アメリカは他の西側諸国にも制裁措

レーガン米大統領

置に同調するよう呼びかけたが、同調は得られず、ソ連にダメージを与えるどころか、むしろアメリカの農家、とくに中小農家にダメージを与えたのである。

一九八〇年一月四日に始まった対ソ制裁は、八一年四月二十四日、次に登場したレーガン大統領によって解除された。穀物の最大輸入国であるソ連に対して、レーガンは、なりふりかまわず売り込みを再開したのである。しかし、一度受けたダメージは、なかなか回復しなかった。しかもレーガンがとった政策は、アメリカの農家にさらにダメージを与えたのである。

レーガノミックスの破綻

レーガンが行った経済政策、いわゆるレー

ガノミックスは、それまでアメリカが抱えていた経済矛盾を一挙に拡大した。レーガンは経済活性化の方向を、一方で軍事費を増大することで生産を増大させ、他方で減税を行うことで貯蓄を増大させることで果たそうとした。

減税効果によって景気は好転した。しかし収入が増えた分消費は拡大したが、貯蓄にはまわらず、その貯蓄によって設備投資を行い、生産の拡大をはかろうとした目論見は、見事にはずれるのである。

しかも、減税によって国庫への歳入は減少し、しかも軍事費を突出させたために歳出は増大し、財政は大幅の赤字となった。軍事支出は一九八〇〜八五年の五年間で、一、三四〇億ドルから二、五二七億ドルとほぼ倍増したのである。国庫債務の方はフォード、カーター時代の六三〇億ドルから、約三倍の二、〇〇〇億ドルに膨らんだのである。負債残高はそのため、八〇年には九、一四三億ドルだったが、八五年には一兆八、二七五億ドルと、ほぼ倍増するのである。

借金をまかなうために赤字国債を乱発したため、金融市場は一挙に高金利時代が押しよせた。一時期二〇パーセント近い高金利となり、日本やヨーロッパから外貨が、その高い金利をめざして流入した。投機が投機を呼ぶ、いわゆるマネーゲーム的状況がつくられたのである。

この結果、ドルが急騰して、一ドル＝二〇〇円前後だった円相場が、一ドル＝二五〇円前後にはね上がり、高値安定の時代がつづいた。そしてドル高は輸出にダメージをもたらし、輸入が拡大し、アメリカは世界最大の貿易赤字国へと転落するのである。八〇年にはまだ二四二億ドルだった赤字幅が、八五年には一、四八五億ドルまで拡大するのである。

これによってアメリカの産業界は国際競争力を失い、そのため採算の合わない国内の工場を縮小閉鎖して、アジアの新興工業国（ＮＩＣＳ）やヨーロッパ、日本などに移していく、いわゆる産業の空洞化がつくられていった。この危機がドラスチックに現れたのが、いわゆる〝ブラック・マンデー〟であった。

一九八七年十月十九日の月曜日、ニューヨーク市ウォール街にある証券取引所はパニック状態になった。午後四時過ぎ、ついに五〇八ドルという空前の下げ幅を記録した。

この日のことは、世界大恐慌の発端となった一九二九年十月二十四日の〝暗黒の木曜日〟（ブラック・サーズデー）をもじって〝暗黒の月曜日〟（ブラック・マンデー）と呼ばれるようになった。ブラック・マンデーの下落率は二二・六パーセントで、二九年のブラック・サーズデーの一二・八パーセントを大きく上回ったのである。

レーガン大統領はただちに、アメリカ経済の状態は引きつづき良好である、と声明を発表し、事態の鎮静化をはかった。アメリカ市場に連動して、ロンドン、東京市場なども暴落を起こしたため、各国政府も鎮静化に必死となった。日本では宮沢蔵相が、日本経済の底力を強調、今日の暴落は一時的な現象であると表明した。

しかし、ブラック・マンデーはレーガノミックスの破綻を示したものであり、アメリカ経済が陥った状態の深刻さを示したものだった。

アメリカ農業の危機

ドル高の影響は農産物に関しても例外なく押し寄せた。すなわち高価格化によって国際競争力を失ってしまったのである。

輸出量は減少し、ピーク時には四三八億ドルあった穀物輸出額は、一九八五／八六年には二六〇億ドルまで低下してしまったのである。在庫が増え、そのため国内価格は暴落、このしわ寄せはとくに中小農家が受けることになった。七〇年代の成長期に借金をして経営規模の拡大をはかった農家ほど、金利は暴騰、販売価格は下落という状況の中で、借金を雪だるま式に増やすことになってしまい、倒産するところが相ついだのである。

いわゆる農業危機の到来である。この危機によって、アメリカ農業の体質の変化が進んだ。つまり中小農家の土地を吸収合併した農業資本は、さらに巨大になり、農業の産業化が進んだのである。ハイブリッド化の進行と併せ、輸出用作物を大規模につくるアグリビジネスが、圧倒的力をもつようになったのである。

レーガン政権はこの危機を乗り越えるために、一九八五年末、新しい形で農業を保護するための、農業立法化をはかった。食糧安全保障法がそれである。

この一九八五年食糧安全保障法は三つの柱から成り立っていた。ひとつは、政府の財政支出を抑えるため、農業支出を少なくしようということで、それまでとっていた「不足払い制度」や「ローンレート（融資および買い上げ基準価格）」をいずれも引き下げるというものである。

二つめは、減反政策の実施である。

そして、三つめは、輸出を促進するための措置を行うことで、とくにアメリカが従来もっていたがこの間失った市場を回復するために、その地域に輸出する業者を積極的に支えるというもの

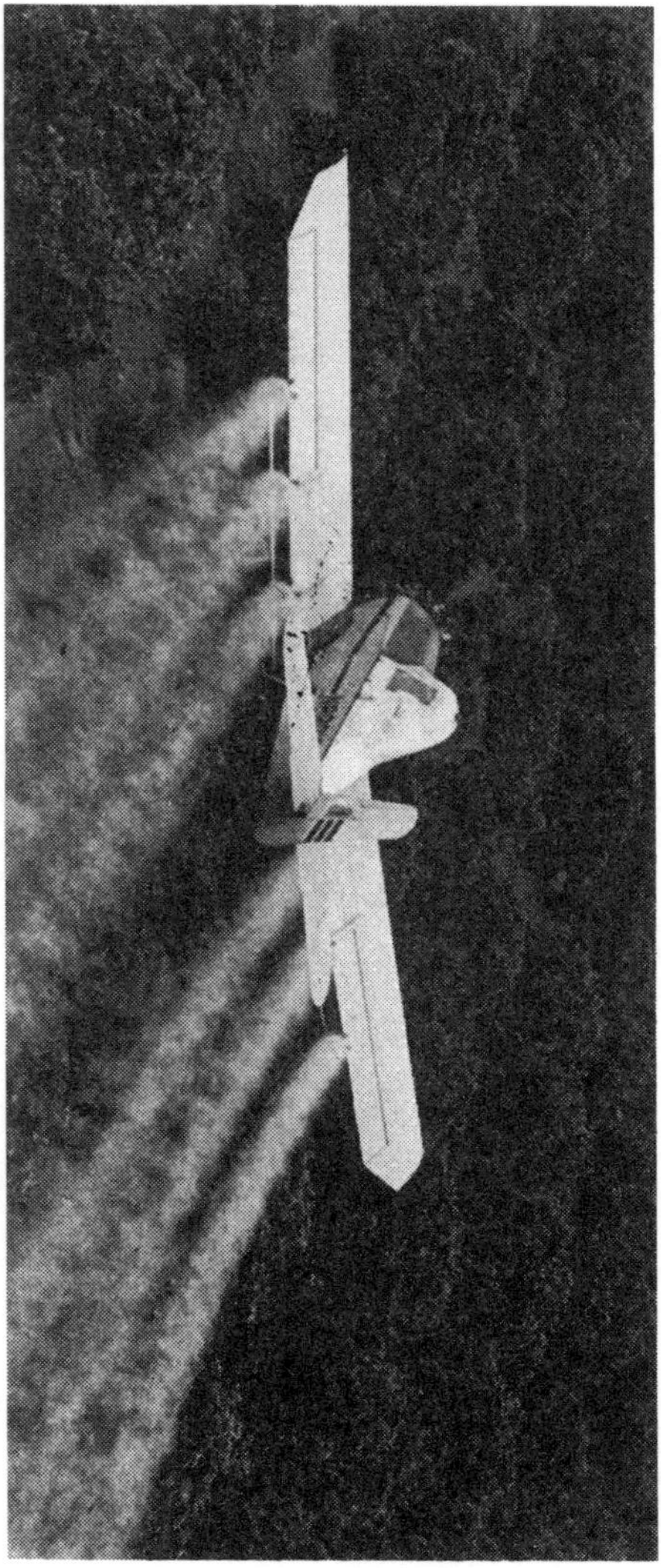

である。

この三つに、荒廃した土壌を守ろうという土壌保全計画が加わったものだった。

しかしながら第一の財政支出を抑える目標は、第三の輸出を促進するための補助金の増大によってふっとんでしまった。しかも、輸出を促進するために補助金を出したのは、輸出用作物をつくる企業化した大農場ばかりで、中小農家はまったく恩恵を受けなかったのである。

しかし補助金を出して輸出の促進をはかるというのは、ダンピング輸出であり、ダンピング合戦がつづけば補助金は増大していくばかりとなる。事実、この膨大な補助金によってアメリカは、国の財政を破綻をさせ始めたのである。

そして他方で、アメリカに対抗するために競争国も、膨大な補助金をかけるか、農家にしわ寄せして値段を下げていくか、競争に負け、自滅するかの選択を強いられるようになったのである。

ＥＣもまた補助金によるダンピング輸出を行い、第三世界もまた累積債務の返済のために農産物輸出を進めなければならず、ダンピング輸出を行い、といったように、世界的にダンピング合戦が行われるという危機的状況が訪れたのである。

そして、このダンピング合戦による危機的状況を打破するために、ガットのウルグアイ・ラウンドの農業交渉が用意されたのである。

ウルグアイ・ラウンドは、その基本的な方向を、保護主義の排除、市場原理にまかせる形で解決をはかろうというものである。この考えに基づくと、穀物メジャーなどアグリビジネス、アメリカ政府がもっとも望む形での解決となる。

日本農業はウルグアイ・ラウンドで、コメの自由化という問題に直面したのである。もしコメが自由化されれば、日本の農業の基本が崩壊し、食糧自給率は回復不能なまでに低下、穀物自給率は二〇パーセントを切ることも考えられる。これについては第十章で詳しくみてみよう。こうしてコメを切り捨てる動きが、一挙に強まっていくのである。しかもこの動きは、日本列島を開発と環境破壊にさらしていく原動力でもあった。

日米間で強まる摩擦

アメリカ経済の状態が深刻になればなるほど、日米間の摩擦はいっそう強まっていった。

その日米関係をめぐってひとつのレポートが登場してくる。それが「前川レポート」と呼ばれるものだった。中曾根首相の私的諮問機関である「国際協調のための経済構造調整研究会」が一九八六年四月七日に発表したもので、日本経済の大幅な輸出超過は危機的状況を呈しており、経済政策の根本的転換をはかる必要がある、という認識から出発し、外国、とくにアメリカとの経済摩擦を解消していくことが求められている、との考え方を述べたものである。

そのため、①石炭・農業・素材型産業などの競争力の弱い産業は輸入に転換する。②国内で生産し輸出する構造から、海外投資に転換する。③輸入を拡大するために、民活による内需拡大をはかる、というもの。箇条書き程度のものだったが、方向は定まった。

翌年の一九八七年四月二十三日には、この前川レポートを具体化したものとして「新前川レポート」が発表された。これは経済企画庁経済審議会の経済構造調整部会がまとめた報告書で、「構造調整の指針」として建議された。中身はそのため前川レポートでは抽象的だったものが具体化された。

内需拡大と輸入の拡大を進めること、しかもそれを行うためには、民間能力、市場メカニズムを活用することがうたわれた。

内需拡大を押し進める分野としては、大型プロジェクト、都市再開発、リゾート開発などの地域開発がひとつ、コンピュータ・情報網の整備がもうひとつ、その他から成り立っている。

この内需拡大を民間能力の活用で進めるべきだというのだ。民間能力とはすなわち民間企業のことであり、とくに大企業が活躍しやすいようにさまざまな規制をゆるめ、税制面でも優遇措置をとり、財政面でも面倒をみて、しかも国公有地の活用を進めるべきだ、としたのである。すなわち大企業が活動しやすいように、いたれりつくせりの体制をつくり、内需拡大を進めることがうたわれたのである。

輸入拡大で市場メカニズムを使うべきだ、としたのは、明らかに農産物の自由化をうたったものである。そのほかにも数多くの農業切り捨て政策を提言している。

例えば市街化区域内の農地の宅地への転換促進である。それは同農地への宅地並み課税を行うことが有効である、としている。

両レポートがきっかけになって一九八九年九月、日米構造協議が始まり、この協議が軸になって、日米間の経済摩擦は根本的な矛盾を衝突させる形で進行していくのである。

日本の全輸出総額は一九八五年に四一兆九、五五七億円に達した。そのうち三七パーセントの一五兆五、八二七億円がアメリカ合衆国市場に向けてのものであった。日本の最大の輸出商品である自動車をみると、八五年の輸出総額は八兆一、九五一億円（七二〇万台）であった。そのうち、実に四兆五、七四〇億円、五五・八パーセントがアメリカ合衆国市場に向けてのものであった。

日本の産業界は肥大化した生産力を、対米を中心とした輸出攻勢で乗り切ってきた。そしてその攻勢がアメリカ経済をさらに圧迫し、双子の赤字を増大させる構造にしてしまった。

いまやアメリカにとって残された最大の戦略商品が農産物である。農産物の自由化は、アメリカ経済が生き残りをかけて必死になって取り組む最大の課題となっていった。

日本経済は過剰生産状態をしのぐには輸出を維持するしかなく、そのために国内の農業を潰してでも、工業製品を輸出しなければならない状況に陥っている。

しかも、アメリカにとってかわる世界の盟主は存在しない。日本経済は、アメリカの存在があってはじめて成り立っている。そのアメリカ経済の足下を切り崩しながら肥大したが、しかし、これ以上進むと、アメリカもろとも破滅してしまう。それが、日米構造協議となって、日米間の調整がはかられることになった理由である。

こうして前川レポート以降、日米構造協議を軸に、一次産業切り捨ての促進、海外投資拡大、内需拡大という政策がとられていった。その内需拡大の目玉が四全総で登場してきたリゾート開発だった。

四全総の中身

第四次全国総合開発計画、いわゆる四全総は、一九八七年六月三十日に閣議決定された。四全総は過去の三次にわたる全国総合開発計画と基本的には同じ開発路線をとっている。すなわち日本経済の活性化を国家が先導する方向で策定されたものである。

その中身もまず第一に道路網、通信網の建設、拡充である。道路建設では、実にあの田中角栄が押し進めた列島改造論以上の大きなスケールで計画が立てられた。とくに三全総で登場した高規格幹線という高速道路を、一万四、〇〇〇キロメートルにわたり、列島中網の目のようにはりめぐらせることで、交通機能をレベルアップしようというものである。これによって日本全国を、どんな地域でも、中核都市から一時間以内圏にしようという、とてつもない計画だ。

通信網では、光ファイバー通信を網の目状にはりめぐらせ、多種類の情報を同時に、しかも多量の情報を瞬時に、列島をかけめぐるようにさせようというもの。いわゆるＩＳＤＮ（サービス総合デジタル網）である。

第二は、農業の近代化路線をおし進め、とくに都市近郊農家から土地を放出させ、公的機関によるニュータウンなどの宅地開発、建設省が進める新都市拠点整備事業など大規模開発を進めようというものである。そのなかには、筑波のほかにも研究学園都市のような業務核都市を、東京、名古屋、大阪の周辺につくり、首都圏、中部圏、関西圏の都市ネットワーク・システムをつくろうという計画も含まれている。

そして第三は知識型産業の立地を押し進めようというものである。産業基盤の拡大のため、工業技術の研究開発・企業化の育成施設をつくることを、まず行おうとしている。すなわちリサーチコアの整備である。

リサーチコアには三つのものが考えられている。第一は高度技術者を多数育てるための人材育成施設である。第二は技術情報のデータベースを蓄積したり、技術情報の交流施設をつくることである。第三はベンチャービジネスを育てたり、研究開発型企業の育成支援施設をつくることである。

これにともない、各地にリサーチコアの建設合戦が始まり、その目玉商品にバイオテクノロジーの研究開発施設をつくるところが多いことから、バイオ立地をめぐり各地で反対運動が起き始めたのである。リサーチコアの整備で民活法第一号の適用となったのが、かながわサイエンスパークであった。

そして第四に、四全総の目玉として打ち出されたのが、リゾート開発である。

四全総が過去の三次にわたる全国総合開発計画と決定的に違うところは、中曾根民活法を経ている点である。民活法は内需拡大を進めるためという口実で、一九八六年五月に成立した。民間能力を活用するとはどういうことかというと、国家が主導するのではなく、民間能力すなわち大企業が主導し、国はその企業が活動しやすいように資金面で面倒みたり、法律をつくったり、これまであった規制をゆるめたりすることである。四全総とパッケージでリゾート法（総合保養地域整備法）がつくられた。一ヵ月前の八七年五月二十二日のことである。

四全総ではリゾート開発について次のように述べている。

「民間の能力を活用しつつ、全国に多彩なリゾート地域の整備を促す。その際、地域振興上整備が特に有効である地域において、大規模リゾート地域の形成を目指す。」

国が民活という名でもって大企業のためにいたれりつくせりの措置をとり、これまで未開拓だった分野で巨大開発を押し進めようというもので、そのためのリゾート法である。

リゾート開発――農地転用でゴルフ場ができる

ではリゾート法とはどんなものだろうか。この法律はリゾートの開発事業者に、税制面で優遇を与え、融資においても優遇を与え、開発にかかわる規制も大幅に緩和する、という三点で、各種のサービスをもたらすためにつくられた。

税制面での優遇措置（八条と九条）とは、国税においては所得税・法人税の特別償却（初年度一〇〇分の一三）を認めるというもの。また地方税では、特別土地保有税（一定面積以上の土地所有者に対して固定資産税以外にも課税する制度）を免除する特典が与えられる。また事業所税についても新増設にかかわるものは免除、また事業にかかわる事業税のうち資産割を軽減（二分の一）するという特典も与えられる。さらには固定資産税・不動産取得税も免除という、徹底した企業優遇の内容となっている。

しかも、このような優遇措置で、地方自治体の財政に穴があいた分は、国が地方交付税で補填することになっている。つまり市民が納めた税金で、企業が免除された分を肩代わりするというものだった。

融資についても、大変な優遇措置がとられている（十条）。計画されている事業が認められると、日本開発銀行、北海道東北開発公庫、沖縄振興開発金融公庫といった政府系金融機関から無利子、あるいは低金利で融資を受けられる。無利子融資とは、ＮＴＴ株売却収入による融資制度で、その事業が公共性と採算性を兼ねており、重点整備地区内にあること、しかも第三セクター方式での開発が条件になっている。

しかもこの法律では、十一条～十三条で、国や地方公共団体は、公共施設の整備の促進など、手厚い援助や助成を行うことが義務づけられている。

そして十四条～十五条では、開発を抑えるためにこれまで行われてきたさまざまな規制を、ゆるめることがうたわれている。こうして農地法の規制、自然公園法の規制、国有林野の利用規制、港湾水域の利用規制などをことごとくゆるめ、開発の条件をととのえることが文章化されている。

以上のような内容である。これを受け、森林特措法がつくられ、保安林に手をつけることが可能になったり、農地転用で次官通達が出され、農地をゴルフ場にできるようにしたのである。

リゾート法が成立した一九八七年の秋、各都道府県が一斉にリゾート開発の基本構想を打ち出し始め、誘致合戦が始まった。企業の側もリゾート開発部門をもうけて乗り出し始めた。自治体主導型、企業が独自で進めるもの、第三セクター方式など、さまざまな形で一斉にリゾート開発への取り組みが始まった。リゾート開発プロジェクトは、バブル経済の最中、三菱総研の資料で、事業化段階で六四七、計画構想段階で二〇五を数え、その総面積は実に国土の二〇パーセント、二〇兆円規模に達した。

しかもこのリゾート開発は、山ならばスキー場、海ならばマリーナ、それにゴルフ場とホテル・別荘・マンション（テニスコート付）を組み合わせたものがほとんどであった。いずれも〝もうかる〟からである。

ゴルフ場は会員権、マリーナは係留権、別荘等は不動産販売でもうけ、そのうえリゾート会員権を売り、スキーはリフト代でもうけるといった形で、たちまち初期投資は回収でき、うまくいけばボロいもうけも期待できるからである。

なかでも開発で重視されたのがゴルフ場だった。日経リゾートによると、各企業を対象としたアンケート調査で、重視する施設としてもっとも多かったのがゴルフ場で、四五・一パーセントもあった（一九八八年十月）。こうしてリゾート開発の嵐は、ゴルフ場乱開発などのために、農地を奪い、森林を伐採し、自然を破壊していったのである。

湯田中温泉のリゾートマンション

以上のように、国際的には、食糧戦略の中で、国内的には、工業優先・開発優先の中で、日本の農業は破壊されてきた。それは同時に、食糧生産での企業支配が強まる過程でもあった。

この企業支配をさらに決定づけていくことになるのが、ひとつは、ガット・ウルグアイ・ラウンドから始まり、ＷＴＯ（国際貿易機関）成立に至る「国際化」の流れであった。自由な貿易と国際調和の名の下に、競争力の弱い国で農業破壊が始まった。もうひとつは、遺伝子組み換え作物に代表される新技術の登場であった。ハイテク技術がものをいう時代には、その技術をもつ企業が力をもち、農家はその支配下に入ることでしか生きていけない時代になってしまう。

第十章　ＷＴＯの成立とこれからの食卓

新農業政策

ガット（関税貿易一般協定）ウルグアイ・ラウンド（新多角的貿易交渉）は、一九八六年九月にスタートした。このラウンドは、前回の東京ラウンド（七三年スタート）が一段落したのを受けて、新しいレベルでのルールづくりを目指したものであった。

ガットでは一貫して、貿易の拡大と自由化を柱に、各国間の交渉が展開されてきたが、今回の交渉の特徴は、サービスや知的所有権など、もの以外の貿易分野での保護主義を排除し、各国のルールを統一していこうという点にあった。

しかし、最大の論争は、ずっと農業交渉の場で展開され、特にアメリカ・ＥＣ間で激しく闘わされた。

一九八〇年代に入って、アメリカの農業戦略にとって大きなライバルが現れた。ECの台頭である。ECは共通農業政策（CAP）をとることで、生産力を引き上げ、食糧輸入国から輸出国になるまで力をつけてきた。

一九八九年の穀物輸出量は、世界全体で二億三、六〇〇万トン。アメリカは半分近くの一億八〇〇〇万トンを占め、一方ECは一二ヵ国全体で五、六〇〇〇万トン（うちフランスが二、九〇〇〇万トン）を占めるまでになった。

ECの共通農業政策は、EC内の農産物の自由流通・統一価格を進めると同時に、外からの流入に対する市場の保護をはかり、輸出を大幅に増やすために補助金を引き上げ、攻勢に転じる姿勢をとってきた。

アメリカも対抗上、保護を強め、穀物輸出補助金を大幅に増額、農業への財政支出は着実に増大していった。ECもその財政の七割が共通農業政策に使われるという事態に至っている。ダンピング合戦による各国財政の悪化を打開しようというのが、ウルグアイ・ラウンド農業交渉の役割だった。

このラウンドの大きな転機は、一九九一年十二月に出されたドンケル・ガット事務局長による包括合意案によって訪れた。八ヵ国農業交渉の場で示されたこの包括合意案提案、いわゆるドンケル・ペーパーは、二つの大きな柱から成り立っていた。ひとつは、市場における例外なき関税化の導入、もうひとつは国内補助金、輸出補助金を削減するため具体的な数字を提示したことであった。

このドンケル・ペーパーによる〃例外なき関税化〃が、日本にとってはコメの自由化を意味していることはいうまでもない。国内でもそれまで抑制されていた〃コメ自由化〃の声が、一挙に声高になっていった。そのとどめのような政策が打ち出された。

一九九二年六月十日、農水省は新農業政策（「新しい食料・農業・農村政策の方向」）を発表した。これがその政策である。

新農業政策は、基本法農政以来の従来の政策の延長線上にあるが、単に従来のものを徹底しただけではない。農業はもはや家族経営で行うべきではない、農業法人、民間企業が行う方がよいという路線をはっきりと打ち出したからである。

新農業政策は二つの柱から成り立っている。①規模拡大と農家の組織化・法人化、企業の参入に道を開くこと、②市場原理導入を柱に農業の再編成をはかること、である。国際化に耐えうる力を持たせる、というのがその大義名分である。

この新政策に基づいて着々と手がうたれ始めた。

まず減反政策に対する見直しが出された。農水省は一九九二年十月、九三年度から減反政策の方針を転換することを発表、減反面積を縮小するとともに、コメづくりをやめ他のものを作るために支給していた資金、いわゆる転作奨励金についてシステムを変更し、規模拡大を誘導することになった。

どういうやり方かというと、転作した場合一律に支払う基本額を半分に減らし、大規模農家が減反した場合や、小さな農家が集まって経営規模を拡大したときには加算して支払うというもの。大規模化誘導のための重点支給である。

農水省ではさらに、大規模化・企業化を促進するためいくつかの法律を作ったり、既存の法律を改正する作業に着手した。

その代表的な法案のひとつが、農業経営基盤強化促進法である。この法案は、大規模に経営している農家や法人が、さらに規模を拡大するため農地を集積しようというとき、国や地方公共団体が助成したり、融資を優先するようにしようというもの。

農地法の改正にも着手しようとしている。これまでの農地法は自作農を保護するために、農地の権利の移動や転用が厳しく制限されており、農地の集積が進みにくいこと、農家以外の取得を規制しているため民間企業が参入できないこと等、これらが新農業政策を進めるうえでネックになるというのが農水省の見解である。それを解除、あるいは緩和することで、農地の集中合併と、民間企業参入を加速するのが狙いである。

そのほかにも、農業機械化促進法の改正、特定農山村農林業等事業活性化基盤整備促進法の制定も目指している。いずれも新農業政策実現に向けたものである。この新農業政策こそ、これまでの農業破壊の流れの総仕上げともいえる。

近郊農業はこれからどうなる

農業への民間企業参入

新農業政策によって、食料の生産・流通はどのように変わるのだろうか。まず生産の方から見ていくことにしよう。

これまでみてきたように、農作物をつくる手段は、ほとんどすべて企業が提供し、農業を実質的に支配してきた。種子・苗、農薬・肥料、機械・ビニール等である。その企業に農業参入への道をつけると、既存の農家がことごとく企業の直接支配下に組み入れられる可能性が大きい。

いきなり企業参入を許可すると、農家・農協の抵抗が大きく、新農業政策の実現自体が危ぶまれるためか、同政策は、その前段階を設けている。広い農地を持つ個人を優遇し、狭い農地しか持っていない農家は何軒かでグループを作り法人化することをすすめ、そういう法人も優遇することをうたっている。さらに、そういう個人や法人に農地を集め、拡大をはかろうというもの。その前段階がないまま、いきなり民間企業の参入をはかれば、日本の農業はたちまち企業の直接支配下に陥り、農地の転用などによって農業そのものが崩壊することもありうる。

しかし、それにしても企業の参入に道を開き、市場原理を導入する以上、将来的には企業が支配する大規模な農業を想定していることは間違いないところである。

それは、これまでまじめに取り組んできた家族経営の農家に、決定的とも思えるダメージをもたらす。日本の伝統的農業をさんざん痛めつけてきた流れが、その最終段階に入ったといえる。

アメリカでは、企業化、大規模化が進むさい、中小農家は真っ先に切り捨てられ、悲惨な道を辿った。ＥＣも、それと同じ道を歩んだ。ＥＣ各国の中小農家は、共通農業政策によって、決定的ともいえるダメージを受けている。そして、日本でも。

企業の支配下に入り、市場原理によって農作物が選択されるようになると、国際競争力を持たない作物は輸入されるようになり、採算の合うものだけが作られるようになっていくことになる。まず第一に考えられることは輸入食品が増大していくことである。

アグリビジネスは、バイオ技術やハイテク農業の開発を行っている。そういう先端技術の開発合戦が進み、技術依存型農業が広がっていくだろう。そこでは〝食べものは生命を育むもの〟という考え方は失われ、他の工業製品と同じ位置づけで生産が行われるようになる。それが第二番目に考えられることだ。

企業経営は、スケールメリットを追求する。大規模化は、化学化・機械化を加速させる。とくに農薬や化学肥料の大量投入は、食品の化学汚染を深刻化させる。安全性がより脅かされる、それが第三に考えられることである。

一部の農家の間では自立した運動が、これまでも近代化路線に抵抗して、行われてきた。大野和興はそれを民衆農業運動と呼んだ。「何物にも縛られない農民の自由な生産活動と農民の経済的な自立、そして食べ物が本来備えていなければならない安全性を支える農業技術や土木利用の体系、こういったもろもろのことが具体的な形をもってつくりあげられ」ている運動である（『技術と人間』八七年一月号）。この運動はまた、産直などの運動を通して、独自の流通ルートをつくってきた。

大規模化、市場原理導入は、コストの論理を前面に出してくる。このコストの論理に抵抗してきた自立した農業が〝もうひとつの運動〟をどこまで継続・発展できるか。大変な試練に立たされる恐れがある。それは消費者運動にとっても試練である。それが第四番目に考えられることである。

企業ルートが拡大していく

次に流通の方からみてみよう。

流通では、農協ルートと並んで企業のルートが拡大していくことになる。

現在、青果物販売で六割を超えるシェアを誇るのが、スーパー、コンビニといったセルフサービス店である。そのセルフサービス店と並んで大きな勢力を持つようになったのが生協である。生協は産直ルートを開拓、青果物販売で、ここ一〇年で三倍の伸びを示してきた。

その販売店と企業ルートが結びつくとどうなるか。

例えば、企業は多くの農家をその支配下におさめ、その農場で作ったものを、その企業の系列の運送会社が運び、その企業と関係の深いスーパー、コンビニが販売することになる。もともとセルフサービス店は、大量仕入れ、大量販売、セルフサービスによって人件費をかけない、ということでコストダウンをはかり、安売りを通して売上げを伸ばしてきた。その安売り合戦がいっそう熾烈になるであろう。

この安売り合戦は、売れるものだけをつくるようになり、他のものは輸入すればいい、という考え方を広げていくことになる。一方で農家は、売れるものへの転作を強いられ、その上で買いたたかれる。他方で輸入が拡大する。

安いものを輸入するとどうなるか、その前例を牛肉の自由化にみることができる。牛肉の自由化への移行は一九九一年にスタート、九二年四月に関税が引き下げられると同時に輸入量が急増、その量はついに国内農家の出荷量を上回ってしまった。

牛肉自由化で酪農農家が受けたダメージは大きかった。酪農農家は、これまでも、スーパーなどでの牛乳の値引き合戦のしわ寄せを受け、牛乳での収入を抑えられてきた。それに加えてのダブルパンチとなった。酪農農家が重要な収入源としてきた、老いた雌牛と、生後間もない雄牛の値段が、安い輸入牛肉が入ってきたため暴落してしまったからだ。

酪農農家はこの間、規模を大きくするため借金を増やしていた。そこにきてのダブルパンチは、威力十分だった。一九八〇年に一一万五、〇〇〇戸あった乳用牛飼育農家は、九二年には五万五、〇〇〇戸に減少していた。それがさらに数を減らしつつある。

オレンジもまた一九九一年に自由化がスタートしたが、その年、カリフォルニア産が寒波の影響で入荷が減少、卸売り価格が上昇した。しかし九二年に入ると輸入量が急増、東京地域での卸売り価格は半値にまで下がってしまった。

この流れは、かつてエネルギー革命で石炭鉱山を一挙に潰し、安い中東原油に切り換えた構造に似ている。かつて、日本は経済性を優先して、資源は輸入すればいいという考え方が、オイルショックで揺さぶられ、エネルギー政策は、原子力依存に走るという、きわめて危険な選択を行った。

食糧政策も、このエネルギー政策と似た流れがつくられている。基本法農政以来、農業は、工業製品輸出のため切り捨てられてきた。切り捨てられてきたとはいっても、残されてきたものがあった。それがコメである。その最後のものが、いまばっさりと切り捨てられようとしているのである。

輸入食品の増大は、食べものの安全性の側面からいっても、問題がある。輸入食品の安全性へのチェック体制が事実上ないに等しいことは、ずっと指摘されてきたことである。そのほかにも食品添加物が国際化の名の下に一挙に緩和されたり、ポストハーベスト農薬等の農薬で汚染されたものが多量に入ってきている。私たちの食卓に、そういう添加物や農薬漬けになった食べものが並ぶことになる。

栄養低下とゴミ増大

企業による流通支配は、さらに別の問題を提起することになる。

生鮮野菜は、流通経路が短いほど、食べるさいの栄養が確保できる。近くでとれたものを、すぐ食べるのが理想である。都市生活者にとっては、都市近郊農業が大変重要なのである。

しかし、いまや流通経路はどんどん距離を伸ばしている。トマトを例にとると、青いまま収穫され、流通の間に徐々に赤くなり、スーパーの店頭に並ぶときに、みてくれは一番よくなり、〝完熟トマト〟といった名で売られる。その結果、栄養は減少してしまった。その点をゴミ問題との関連で指摘したのは和気静一郎であるが、表で示したようにビタミンC値の変化を見れば一目瞭然である。一九八二年に発表された四訂以降、さらにこの値は低下しているが、まだ五訂は発表されていない。

大規模化は、輸送距離を伸ばすことになる。いまよりさらに、遠い距離を運ばれた食べものが、いっそう栄養のないものになることは、容易に想像がつく。まして輸入食品となると、その距離はさらに長くなる。

流通経路が長くなることは結果的にゴミの増大にもつながる。とくにタチの悪いプラスチックゴミを増大させる。流通革命はプラスチックのトレーや容器、ラップ等がなければ、ありえなかった。逆にプラスチックは流通革命で大量消費先を見つけ生産を伸ばした。そのほとんどがゴミとして捨てられ、そのしわ寄せは自治体の清掃現場に押しつけられてきた。

一九八八年の東京都のプラスチックゴミは、可燃ゴミ中で八・一パーセント、不燃ゴミ中で一九・九パーセントであった。これは重量比であり、プラスチックは軽いため容積比にすると桁違いに割合を増大させる。八二年の不燃ゴミ埋め立て処分量から燃えるものと資源として再利用できるものを除くと、容量で実に九〇パーセント以上をプラスチックが占めていた。

表３　野菜のビタミンＣ値の変化

mg/100g

食品名	三訂	四訂
とうがらし（葉）	100	85
ピーマン	100	80
ホウレン草	100	65
こまつな	90	75
大根（葉）	90	80
キャベツ	50	44
ニラ	30	25
春菊	50	21
根みつば	60	20
さんとうさい	60	20
白菜	40	22

資料）科学技術庁資源調査会　日本食品標準成分表三訂四訂、和気静一郎著『ゴミって何？』技術と人間刊

プラスチックゴミは、そのまま埋め立てれば腐食せず、焼却すればやっかいな有害ガスを発生させ、添加剤として入っているものが重金属汚染等をもたらす。実に処理・処分の難しいものなのである。

しかも、食べものの安全性にも脅威をもたらしつつある。プラスチックの中には、そのものが発ガン性のあるものがあるし、添加剤に問題の多いものが使われている。それらが溶出し食べものと一緒に人体に取り込まれる機会が増えるからだ。

以上のように、プラスチックは流通経路が長くなれば、それに応じて使用量が増えていくことになる。それは栄養の低下を招き、ゴミを増やし、危険性を増幅させることになる。

さらに、よりにもよってその流通経路を長くする法改正が行われた。生産緑地法の改正である。一九九一年四月に改正された同法律は、九一年九月十日から施行された。

法改正の目的は、大都市近郊農家から土地を提供させ、宅地化を進めようというものである。この法改正によって近郊農家は重大な岐路に立たされた。市街化区域内農地の宅地並み課税を受け入れるか、三〇年間農業を続けるといって生産緑地の指定を受けるか、二者択一を迫られた。

その結果は、三大都市圏特定市（一九六市）の市街化区域内農地五万一、〇〇〇ヘクタール（約三六万人）のうち、生産緑地として申請された農地は、九二年五月段階で約一万六、〇〇〇ヘクタール、約三二パーセントだった。

近郊農業は壊滅的打撃を受けることになった。

外食産業はさらに肥大化する

外食産業も、さらに肥大化を続けることになるだろう。一九九一年、外食産業は、二七兆七、九一〇億円という市場規模をもつに至った。二〇兆円規模の産業というと、日本最大の産業、自動車産業、エレクトロニクス産業と並び、国民総医療費に匹敵する、ビッグビジネスである。

家計費の中に占める外食費の支出は、一九六五年の七・三パーセント、八〇年の一三・九パーセント、九〇年の一六・四パーセントと増える一方である。

外食産業のほとんどは中小零細企業である。しかし、他方でファーストフード店やファミリー・レストランにみられるように、チェーン展開する企業も増えてきた。

外食産業、それもチェーン展開する企業が多くなればなるほど、出来合いのものを簡単に処理してお客に出す、というシステムが広がることになる。そうなれば、つくる方も食べる方も、注文した品物がどんな素材で作られているか分からなくなる。まして国産か輸入食品か、添加物はどんなものが使われているのか、農薬はどうなのか、といった点はチェックのしようがなくなる。その傾向はすでに一般化しつつある。

企業の論理によって、コスト計算がいっそう厳しくなると、それは一方で安い原材料の確保につながり、必然的に輸入食品が増えていくことになり、他方で消費者は限られたメニューしか与えられないようになる。

いまチェーン展開しているファミリー・レストランの多くはコンピュータ管理を取り入れている。注文と同時に入力されたデータは、原材料の仕入れにまで遡って使われることになる。と同時に客が好むものは何であるかが分析される。死に筋探しである。売れる商品は残されるが、売れない商品、すなわち死に筋はメニューから消えていく。もちろん次から次へと新商品が開発されるが、それも淘汰されていく。消費者は多様なものの中から選択するのではなく、与えられた少数の売れ筋から選ばされるようになる。

そこでは栄養バランスやカロリー、塩分はどうかなど、本来食事で一番考えなくてはいけない事柄は、コストの論理の背後に退くことになる。つくる側も食べる側も、その点について考えなくなる状況が広がってしまう恐れが強い。

第一次産業の特徴のひとつは、その保護がそこの土地や海などの開発を阻止する役割をもっている点にある。開発を阻止し、日本の風景を守ってきたのが、農業であり、漁業であり、林業であった。逆に環境破壊は第一次産業を破壊することで起きてきた。

日本では四次に及ぶ総合開発計画が中心になって、埋め立て等で漁場を潰し、漁業権を放棄させ、農地を潰し、山林を伐採して、工場用地とし、道路を作り、団地や空港を作り、環境を壊してきた。いまその環境破壊は、地球規模まで広がった。

日本の風景の原基は、日本の農業、それも日本型の家族経営の小規模農業によってつくられてきた。その風景は都市部から崩壊し、都市近郊、工業地帯、基幹道路沿い、山間地という順番に崩れていった。その日本の風景がいま、一挙に崩壊する道程に入ったといえる。

だがこれは日本だけの問題ではないことはいうまでもない。一番ダメージを受け続けたのは第三世界の国々である。貿易自由化の論理は強国の論理である。強ければ強いほど自由化によって得るものが大きい。いま強国間の取引きによって、この自由化への道がつけられつつある。

ＷＴＯ（国際貿易機関）が発足

ガット・ウルグアイラウンドの合意を受け、九五年初めＷＴＯ（国際貿易機関）が発足した。日本もこれに対応して、ＷＴＯ設立協定と関連法案を成立させ、国際貿易が新しい方法で始まった。このＷＴＯ体制が始まったことで、自由な貿易を目指し、各国の規制緩和が求められることになる。日本でもすでにその動きが活発化しており、食糧分野でもそれに対応した動きが始まっている。

このＷＴＯ設立の目的は、自由な流通にある。規制が厳しすぎることで輸出入に支障を来すことがないように、対策を講じることが求められている。そのため設置の影響は、広範な分野で大きな問題を引き起こしていくことになる。このＷＴＯはガットとは異なり、強い権限をもつ国際機関として設立された。各国はそれぞれの国の法律や規則、行政手続きなどを諸協定に一致することが求められている。もしそれを怠ると強い報復措置が可能となっている。

裏返すと、内政干渉に等しい内容をもっているのである。その力は自治体、民間にまで及ぶことになる。アメリカでは、各州レベルで法律等の変更が求められることから、ＷＴＯ設置に異議を申し立てた州が続出した。日本でも、自治体レベルで変更を求められる問題が出てくることが予測されている。また民間レベルでもトラブルが発生することがあり得る。例えば安全な食品を求めて、生協運動や消費者運動が輸入食品の安全性を求めて闘ったとすると、場合によっては、自由な貿易の支障になるということで、その運動に介入することが可能になる。その際、紛争は国家間の問題として扱われ、政府レベルでの調整に委ねられ、民間団体は当事者からはずされてしまうのである。

また横断的な報復措置が可能になった。食糧問題でトラブルが発生して、自由な貿易に支障を来したとき、その他の分野での貿易で報復措置がとれる。農産物でのトラブルが自動車での報復を可能にしているのである。このような「貿易障壁」排除優先の論理は、安全性軽視の風潮をさらに拡大していくことは確実である。

もっと大きな問題は、この自由流通の論理は、食糧自給を放棄する考え方の上に成り立っているところにある。日本の農産物は価格ではまったく太刀打ちできない。私たちの食卓はやがて輸入食品で占拠されてしまうだろう。このことは、安全性の問題もさることながら、貿易赤字国に転落した時には、食べるものが食卓から消えることを意味する。

第二部　遺伝子組み換え食品

第一章　第二の緑の革命か？

遺伝子商売元年

九六年は、遺伝子商売元年というに相応しい年になった。医薬品の分野でビジネスが活発化したのに加えて、食糧分野での「商売」が、世界的なレベルで動き始めたからである。

食糧生産の分野にいま、ハイテク化の波が押し寄せている。その主役の座にいるのがバイオテクノロジーであり、なかでも遺伝子組み換え技術を用いた食糧生産は、世界の食糧戦略を一変させる趨勢にある。とくに、特定の除草剤に強いように改変された作物は、抜群の省力効果をもち、大幅なコストダウンを可能にすることから、世界の食糧生産の中で主要な位置を占めることになるだろう。

遺伝子組み換え技術は、生命現象を最も根本の遺伝子レベルで操作する方法である。この技術を用いて、これまで自然界にはなかった生物をつくり、その改造生物にあるものを生産させたり、あるいはその改造生物そのものを食べる道が開発されてきている。それが遺伝子組み換え食品である。

遺伝子組み換え技術はこれまで、医薬品を中心に大きな成果を上げてきている。そのバイオ医薬品に作物が加わり、九八年の日本のバイオ市場は一兆円を突破し、さらに拡大の一途を辿っている。二〇一〇年には、二五兆円という目標が国によって設定されている。

この技術は遺伝子そのものを操作することから、長い間、人間そのものの遺伝子組み換えと、食品として日常的に摂取するものに適用することだけは、タブーとされてきた。生命の基本を操作することから、一方で、倫理的に超えなければならない壁があり、他方で、安全性でも未知な部分が大きいことが理由である。

しかし、人間そのものの遺伝子組み換えが、九五年八月、遺伝子治療という形で始まった。また遺伝子治療の始まりと軌を一にして、遺伝子組み換え食品もまた、タブーがはずされてしまった。

遺伝子組み換えが可能になってからまだ二十数年。その可能性と夢ばかりが語られているが、反面、危険性、生態系への影響、倫理面への影響など、人間や環境にもたらす負の影響に関する評価は固まっていない。このようにまだ未知の領域が大きな技術であるにもかかわらず、経済の論理が優先した形で、動き始めたのである。

除草剤耐性作物日本上陸

九六年三月十五日、菅直人厚生大臣は、日本モンサント社など化学メーカー三社から申請されていた遺伝子組み換え作物が、食品として安全かどうか確認を求めて、食品衛生調査会に諮問した。これは、一月末に答申を受け、二月五日から運用が開始された、できたばかりの遺伝子組み換え食品安全性評価指針への最初の諮問であった。いよいよ遺伝子組み換え作物の日本輸入が始まるか否かを決める諮問であった。

申請したのは、日本モンサント社、ヘキスト・シェリング・アグレボ社、日本チバガイギー社の三社で、詳細は次の通りである。

日本モンサント社

1　除草剤（ラウンドアップ）耐性なたね
2　除草剤（ラウンドアップ）耐性大豆
3　殺虫性じゃがいも
4　殺虫性とうもろこし

ヘキスト・シェリング・アグレボ社
5　除草剤（バスタ）耐性なたね
6　除草剤（バスタ）耐性雄性不稔なたね（ベルギーのプラント・ジェネティック・システムズ社の分も代行したもの）
日本チバガイギー社
7　殺虫性とうもろこし

除草剤のランドアップ、バスタはいずれも有機リン系の除草剤である。また殺虫性の作物が三品種も申請されたが、いずれも生物農薬のBT剤殺虫成分をつくる遺伝子を導入したものである。ここで目立った動きを見せているのが、モンサント社である。

現在、世界の食糧戦略の主役の座につこうとしているのが、この化学メーカーのモンサント社である。同社は、九五年六月に遺伝子組み換え作物開発で先頭を走っていたカルジーン社の買収を発表し、世界中を「アッ」といわせた。その後もつづく相次ぐ企業買収によって、ほとんどの遺伝子組み換え作物関連の基本特許を押さえてしまった。しかも、自社の農薬しか使えない遺伝子組み換え作物を次々に開発して、農薬とセットで世界中に売り込みを展開しつつある。

とくに同社が開発した除草剤耐性の作物開発は、その省力効果の大きさからいって、世界の食糧生産を変えようとしている。日本では、遺伝子組み換え食品の安全性論議がつづいており、厚生省の安全性評価指針づくりが遅れていた。そのため、同社は、アメリカ・カナダ政府とともに激しい攻勢をかけ、九六年秋に収穫し、日本に輸出されるダイズとナタネの作付けが行われる春までに、指針をつくらせようと、強い圧力をかけてきた。

そのモンサント社が激しい攻勢をかけてきたのが除草剤ラウンドアップ（一般名グリホサート）耐性のダイズ、ナタネである。このダイズ、ナタネはその除草剤にのみ強い抵抗力をもつように改変された品種である。

除草剤は、それぞれの特徴に合わせて組み合わせて使われるが、除草剤ラウンドアップの場合、無差別的に植物を枯らすため、使いにくいところに問題点があった。しかし目的とする作物だけに、この除草剤への耐性をもたせることができると、無差別的に散布できるため欠点が長所に変わる。

この除草剤耐性の作物の特徴は、その抜群の省力効果にある。耕地が広大であればその効果はさらに増す。まず大量に除草剤を撒き耕地の雑草をすべて枯らした後、また種を蒔き、雑草が出てきた頃を見計らってまた除草剤を撒く。それらをすべて空から行うことができる。大幅なコストダウンが可能なため、日本の農産物とは比べものにならない安い値段でつくることが可能である。自由競争が進むと、国際競争力をもたない日本の農業は、ひとたまりもない。

さらに、最大のネックだった、厚生省が進めている食品としての安全性を評価する指針づくりの遅れと、拒絶反応が強い消費者対策に対しても手を打っていった。まず、指針づくりに関する経緯を見ておこう。

一九九五年二月四日、バイオテクノロジー応用食品等の安全性評価に関する研究班（班長・大谷明・元国立予研所長）は、『バイオテクノロジー応用食品等の安全性評価に関する研究報告書』をまとめた。厚生省の食品衛生調査会バイオテクノロジー部会は、この報告書をもとに遺伝子組み換え食品の指針（ガイドライン）づくりに入った。

遺伝子組み換え食品の安全性評価には多くの問題点があり、指針づくりは時間がかかるものと思われていた。しかし、この部会が指針案をまとめたのは、九五年十月二十日だった。報告書が出てからわずか八カ月後のことだった。その内容も報告書にそったもので、まともな審議がほとんどなかったと思われる指針案づくりだった。

食品衛生調査会がその指針案を了承し、厚生大臣に答申したのが九六年一月三十一日で、二月五日には施行されている。駆け足での指針作成だった。この指針に基づいて承認された遺伝子組み換え食品は、市場に出回ることが可能となる。

この指針づくりを急がせるために暗躍したのがモンサント社だった。

その最大の理由が、北米産ダイズ・ナタネの問題だった。九六年秋に収穫されるダイズ・ナタネに遺伝子組み換え作物を用いたいモンサント社などの企業は、輸入量が多い日本市場で組み換え食品が流通できないと、それができなくなるからである。

日本のダイズ・ナタネの自給率は、それぞれ二・八パーセント、〇・一パーセントであり、そ

隔離圃場で栽培実験中の遺伝子組み換えダイズ

隔離圃場で栽培実験中の遺伝子組み換えナタネ

の大半が、北米からの輸入である。秋に収穫するためには、春に作付けが必要であり、その準備のため、九五年秋までには決着を見る必要があった。

その問題をカナダ産ナタネの一種であるカノーラを通してみてみよう。このカノーラの日本の輸入量は年間一六〇万トンに達する。最大のエンド・ユーザーはキューピーである。その輸入量は、カナダでの生産の二割強に達し、輸出量の半分を占めている。

遺伝子組み換えカノーラを用いると、生産コストが一エーカー当たり、四〇カナダ・ドルもコストダウンになる。カナダ政府は、モンサント社以外に、ドイツ・ヘキスト社、ベルギー・プラント・ジェネティック・システムズ社の三社と栽培・流通での管理システムを導入している。九六年秋に日本がこの組み換えカノーラを輸入しないとなると、このシステム全体が働かなくなる。

こうして、ダイズ・ナタネの問題は、政府間の外交問題にまで発展し、アメリカ、カナダ政府の圧力によって、指針づくりが駆け足となった。モンサント社主導の圧力が、指針作成の最大の推進力となったのである。

また、日本の消費者対策にもさまざまな手を打ってきた。それに関しては、電通バーソン・マーステラを通して消費者運動対策を行っており、九五年夏には、消費者団体の幹部や学者をアメリカに招待して、視察という名の懐柔策を行っている。

またＰＲ誌やビデオを作成し、「遺伝子組み換え食品は安全」というキャンペーンを繰り広げてきた。

種子戦争

遺伝子組み換え食品の開発は、第二の緑の革命ということができる。それは第一の緑の革命からつづいてきた歴史の推移の中で起きてきた。高収量品種の開発から始まり、種子を制するものが世界を制するとまでいわれた、種子戦争が起き、その新品種開発合戦にバイオテクノロジーが応用され始め、いまや遺伝子組み換えによる開発合戦に至ったのである。

緑の革命によって開発された高収量品種の種子は、世界各国に売り込まれていった。最初、緑の革命は「世界の飢餓を救う」とまでいわれていたが、結局各国の農業を、企業から種子を買って行うものに変えてしまった。

さらにその種子の権利を保護するために、一九六一年にＵＰＯＶ（植物の新品種保護に関する国際条約）が締結された。知的所有権によって企業の権利が手厚く保護され、一部の企業によって、種子の権利が握られるようになった。こうして、種子産業という分野が注目を集めるようになった。そしてこの種子産業が大きく変わるのが八〇年代初めである。バイオテクノロジーの登場がその原因となった。そこで発生したのが、第一次種子戦争だった。

ハイブリッド化は、別名Ｆ１化ともいい、雑種一代目のことを指す。メンデルの法則のひとつに「優性の法則」がある。雑種一代目では両方の親の優性な形質のみが現れるというものである。

二代目（F２）の世代になると劣勢な形質が現れ、バラバラになってしまう。

　ある企業が、両方の親をもち次々に優秀なF１世代を生み出していくと、それは大変うまみのある商売になる。農家が自家採種・栽培しようとしてもF２世代は使い物にならない形質がでるため、結局、その企業からF１世代を買いつづけざるを得ないからである。こうしてアグリビジネス（農業関係の企業）によるハイブリッド化が進行してきた。すなわち画期的なF１（雑種第一代）作物の開発に成功すると、その種子をもって世界の市場を制覇でき、大変な儲けが得られることになる。そのため世界のアグリビジネスは、この競争に血道をあげてきた。

　ところがハイブリッド種を開発するためには、多様な組み合わせをただひたすら掛け合わせつづけなければならない。その成果を見ていくため、画期的な品種ができるまで一〇年以上はかかるといわれるほど、この分野の仕事は根気と忍耐が求められてきた。しかしバイオテクノロジーはその期間を一挙に短縮できる技術であった。そのため、これまで種子産業に参入をはかってこなかった穀物メジャー、化学企業、食品企業等、技術力をもった巨大企業が参入を始めた。しかも手っ取り早い方法として種子企業の買収を繰り広げたのである。

　穀物メジャーのカーギル社が、種子メーカーのアッコ・シード社、ピーエージー社、ドルマン・シード社、クロエッカー・シード社などを買収。大手食品メーカーのアンダーソン・クレイトン社もペイマスター・ファームズ社、トマコ・ジェネティック社、ジャイアント社などを買収。化学メーカーではチバ・ガイギー社がファンクス・インターナショナル・シード社などを、モンサント社がファームズ・ハイブリッド社を、ファイザー社がクレメンス・シード・ファームズ社などをそれぞれ買収。石油メジャーのシェル社はアグリプロ・ソイビーン社、NAPB社、ラディ・パトリック社を買収していった。これらは買収劇のごく一部である。これが「第一次種子戦争」といわれるものの実態だった。

それ以降、植物バイオテクノロジーの分野は急速な発展をとげ、これに乗り遅れると世界の市場から取り残されてしまうという焦りが、各企業をおおった。日本企業も例外ではない。とくに二大種苗メーカーであるサカタのタネとタキイ種苗の動きが目だった。

土地の荒廃が起きる

サカタのタネは、七七年カリフォルニアにサカタ・シード・アメリカ社を設立し、米国市場での戦略を展開し始めた。その後、カリフォルニア州以外にも、アリゾナ、フロリダに相次いで土地を買い試験農場をつくってきている。その結果、ブロッコリーの種子の販売では米国市場で八〇パーセントを握るほどになった。さらに九〇年にはオランダにサカタ・シード・ヨーロッパ社をつくり、九三年にはアムステルダム近郊に育種農場と研究施設をつくり、ヨーロッパ市場への殴り込みをはかったのである。

タキイ種苗もまた、カリフォルニア州にアメリカ・タキイ社を設立し、米国市場への進出をはかっている。キリンビールは九一年に、カリフォルニア州にある世界最大の組織培養苗の生産・販売企業トワイフォード・インターナショナル社を買収、米国市場への進出を果たし、さらに九二年には、イギリスのサザン・グラスハウス・プロデュース社を買収、ヨーロッパ市場への足掛かりをもった。

このように一方で、日本の種子企業の世界への進出が目立ってきている。しかし逆に、日本のスイートコーンはほぼすべてアメリカ企業の種子であり、レタスも約半分がアメリカ企業のものである。外国企業の種子が多数日本に入ってきている。

日本のＦ１化の割合を見ると、トマト九三パーセント以上、ナス九四パーセント以上、キュウリ九三パーセント以上、メロン九一パーセント以上、スイカ九九パーセント以上、ハクサイ九一パーセント以上（『バイオテクノロジーと食糧生産』家の光協会）と九〇パーセントを超えるものが軒並みである。なかにはＦ１化を進めにくい作物もあるが、自家受粉ができない雄性不稔という性格を利用して、Ｆ１化技術の開発を進めてきた。

いまや農家は種や苗を企業から買わないと農業ができない仕組みになってしまった。これは日本だけの現象ではなく、世界的な構造になっている。とくに第三世界の農業は先進国のアグリビジネスが供給するＦ１種子に支配され、自立した食糧生産ができない国がかなりの数に上り、世界的な規模で、限られた品種しかつくられないという状況になっている。

その限られた品種しかつくっていない代表的な国が、最もアグリビジネスの活動が活発なアメリカである。一九八二年には、トウモロコシは六種が七一パーセントを、コウリャンは六種が一〇〇パーセントを、大豆は六種が五六パーセントを、綿花は三種が五三パーセントを、じゃがいもは四種が七二パーセントをそれぞれが占めた。広大な大地の上を数少ない品種だけが覆うという、徹底したモノカルチャー化の進行である。

このような形で急激にハイブリッド化が進んだことで、さまざまな矛盾も広がった。土地を酷使することから土壌の荒廃が広がった。とくに最もハイブリッド化が進んだアメリカ国内の土地の荒廃が進んだ。八五年にレーガン大統領（当時）がつくった食糧安全保障法の中に、土壌保全計画が入れられたのも、そのことが原因だった。事実、八八年にアメリカを襲った大干ばつはモノカルチャー化のつけと見られており、わずかの気象の変化にも影響を受けやすい状態がつくられたのである。

この土地の荒廃が第三世界では飢餓の拡大をもたらしている。その土地固有の作物を育てていた第三世界の農業が、ハイブリッド種に変わったことから、土壌が酷使され、砂漠化をまねいたのである。

Ｆ１化によって作物の多くは、人間に頼らなければ生きていかれないものが増えている。Ｆ１化はモノカルチャー化であると同時に脆弱化でもある。トウモロコシがそのよい例である。今やトウモロコシは人の手に頼らないと生きていかれなくなった。わずかな品種が地球上を覆うとき、生物の多様性は失われ、ある日突然壊滅的な打撃を受けて全滅する危険性を孕むことになる。このような脆弱化を克服しようとして、バイオテクノロジーで強化がはかられることになる。しかしこれは、作物の人工化をさらに進め、さらに人の手によらないと生きていかれない作物を増やすという、悪循環を形成している。

このように激しい種子戦争の中で、企業支配が強まり、技術が先行した形で開発が進められた結果、作物の脆弱化が進行し、きわめて危険な状況が広がっているのである。

第二章　コメ開発戦争

ハイブリッド米

第一の緑の革命と第二の遺伝子革命では、どのような類似性と違いがあるか、イネを例に見ていくことにしよう。

一九六二年、ロックフェラー財団とフォード財団によって、フィリピンに国際イネ研究所（IRRI）がつくられた。この研究所に、世界各地からさまざまな野生種のイネが集められ、かけ合わせが繰り返され、高収量を目指した新品種の開発が進められた。第一の緑の革命の時代である。

このイネの新品種開発の方法を大きく変えたのが、雄性不稔の種子の開発であった。イネは同じ花の中にオシベとメシベがついており、すぐ自家受粉してしまうため、ハイブリッド（F1）イネがつくりにくかった。ところが雄性不稔の性格をもたせることで、自家受粉しないためハイブリッド・イネが簡単にできることになる。これには有名なエピソードが残っている。

一九八三年にアメリカの種子会社リングアラウンドから日本に、ハイブリッド米の種子を売り込みたいという打診が、農水省にあった。日本は米に対しては保護政策をとってきていることから、このハイブリッド米の種子は輸入されなかった。ところがよく調べていくと、実はこの米はアメリカで開発されたものではなく、中国で開発されたものであり、さらに元を辿っていくと、琉球大学の新城長有教授が発見した雄性不稔の理論を用いたものだったことが分かった。

この経緯は、ＮＨＫテレビによって「謎のコメが日本を襲う」という題で放映され、有名になった。その後、リングアラウンドは三井東圧化学、三井物産と合弁でラム・ハイブリッド・インターナショナル社をつくり、日本における種子の流通に参入することになったのである。さらにその後、同社からリングアラウンド社が抜け、三井東圧化学が中心になってこの雄性不稔を利用したハイブリッド・イネの開発が進められてきた。

その三井東圧化学が開発したハイブリッド米が、羽田空港内のカレーライス屋「ライブカレー」で使われている。

そのハイブリッド化にいまバイオテクノロジーが加わった。ハイブリッド化、細胞融合、遺伝子組み換えなどが組み合わせられ、新品種開発が試みられている。新しい技術が、イネの世界を

ハイブリッド米を使ったライブカレー

大きく変えようとしているのである。第二の緑の革命の時代である。

プロトプラスト米

ハイブリッドの新品種開発とは別個に、プロトプラスト培養での米の新品種開発も活発化している。プロトプラストとは、細胞のまわりを覆っている壁を酵素で取り除いたむき出しの状態の細胞のことをいう。

プロトプラストの状態にすると、バイオテクノロジーでの操作が簡単になるため、培養だけでなく、細胞融合も、遺伝子組み換えもプロトプラストの状態にして行われるケースが多い。プロトプラスト状態で培養するもう一つの理由は、壁に囲まれ保護されていないため、突然変異が起きやすくなり、それが利用できるからである。この突然変異を起こしたものの中から選んで培養することを、プロトプラスト培養という。

イネの場合、突然変異を起こさせたものから選択する基準は、食味のよいもの、耐倒伏性のあるもの、病気への抵抗性をもったもの、などである。食味はアミロースの含量が少ないものを選択する。アミロース含量が少ないと、ねばり気がでて、日本人の好みのものになる。

インディカ米は、アミロースが多いためパサパサした感じになり、逆にジャポニカ米は、アミロースが少ないためネバネバした感じになる。コシヒカリは、そのジャポニカ米の中でもアミロース含量が少なく、もち米はアミロース含量がゼロであるため、あのようにねばっこいものになるのである。

耐倒伏性は稈長《かんちょう》が短いほど倒れにくくなることから、高さが問題になってくる。プロトプラスト培養を行うと、必ず稈長が短くなるため、その性格が利用できる。

このプロトプラストの突然変異を起こしたものを培養して、ハイブリッド米の開発を進めている企業に三菱化学系の植物工学研究所がある。その成果として「夢かほり」「あみろ17」「はれやか」の三種類が開発されている。

「夢かほり」は、「月の光」から開発されたもので、「月の光」「日本晴」などが栽培されている、縞葉枯病のいつも起きているような地域での栽培品種を目指して、開発されたものである。縞葉枯病への抵抗性をもち、収量も多く、さらに「月の光」より七センチ、「日本晴」より一一センチほど稈が短く耐倒伏性をもち、アミロース含量が二三・一パーセントで「月の光」より一パーセント、「日本晴」より一・八パーセント低くなっている。

「あみろ17」は、「コシヒカリ」から、主としてアミロース含量を低く押さえることを目的として開発されたものである。アミロース含量は一七・七パーセントで、「コシヒカリ」の一九・〇パーセントをしのぐものになっている。このアミロースの含量から「あみろ17」と命名された。

「はれやか」は、「ササニシキ」から開発されたもので、早生、耐倒伏性、食味改良を目指したものである。稈長は八六センチで「ササニシキ」より七センチ短く、アミロース含量も一九・一パーセントで「ササニシキ」より一パーセント低い。

これらのバイオ米のうち「夢かほり」と「あみろ17」は、すでに市販されており、「はれやか」も市販間近の状態である。

遺伝子組み換え米

そしていま、ハイブリッド米、プロトプラスト米につづいて、遺伝子組み換えイネの開発が活発化している。現在、縞葉枯病ウイルスへの抵抗性をもったイネ「日本晴」と「キヌヒカリ」が、農水省（複数の研究所）と植物工学研究所によって開発されている。これが、遺伝子組み換え米としては、最も市場に近いといわれてきた。

植物には人間の免疫に似た「干渉作用」というものがある。病原体の毒素を薄めて接種するとその病原体への抵抗力をもつという性格である。組織培養の際にあらかじめ弱毒を培地の中に入れて、その病原体への抵抗力をもたせたりしている。その干渉作用を遺伝子組み換え技術を用いて、人為的につくり出すのが、このウイルス抵抗性イネ開発の目的である。

それに対して遺伝子の働きを封じ、酵素の働きを抑制してしまう方法も開発されている。これも遺伝子組み換え技術が用いられており、アンチセンス法という。アレルギーの人向けの低アレルゲン米、食味を改良した低アミロース米が三井東圧化学によって開発されており、酒造用米のための低タンパク米が、最初は加工米育種研によって、後に日本たばこ産業に受け継がれて開発されている。

三井東圧化学が開発した二つの組み換えイネの内、低アレルゲン・イネは、米に対してアレルギーをもつ人向けのもので、アレルゲンとなっている蛋白質をつくらせないように、この組み換え技術が用いられている。低アレルゲン米としてすでに資生堂が「ファインライス」を発売している。この米は九三年五月三十一日に特定保健用食品に認定されているが、これは遺伝子組み換え技術を用いたものではなく、酵素処理によってつくられたものである。

またもう一つの、低アミロース・イネは、ワキシー遺伝子というアミロースに関わる遺伝子の働きを封じ、アミロース含量を押さえることで日本人向きの米をつくろうというものである。アミロースが少ないとねばっこいものになるということは、すでに述べた通りである。

加工米育種研究所が開発し、日本たばこ産業に受け継がれた低たんぱくイネは、良質の酒造用

遺伝子組み換えイネ

の米として開発されたものである。酒造用の米の成分の中で、蛋白質含量はとくに重要な意味をもっている。その含量が高いと、清酒の中のアミノ酸の量が増えて、味が低下するからである。蛋白質は米の表層部に多く、そのため精米して削れば削るほど良質の酒ができることになる。吟醸・大吟醸というのはこの米の表層部を大幅に削ったものをいう。

この低たんぱく米は、イネの蛋白質の量を減らすことを目的にしたもので、玄米中に八～一〇パーセント含まれている蛋白質の八〇パーセントがグリテリンであることから、これに関わる遺伝子の働きを押さえ、グリテリンの含量を減らすことで、米を削らなくても良質な酒が得られるよう開発されたものである。

干渉作用とアンチセンス技術のほかにも開発が進められている方法がある。それはイネそのものに殺虫性をもたせようというもので、植物工学研究所が開発している殺虫性・耐病性のイネがそれである。生物農薬としてすでに使用されているBT（バチルス・チューリンゲンシス）というバクテリアがつくりだす殺虫性の蛋白質・エンドトキシンに関わる遺伝子を「日本晴」に導入してつくる。実験の結果このイネを食べたニカメイチュウの幼虫は、最大で五〇パーセント死に、生き残った幼虫も成育阻害を起こし、二代目をつくれなかったという実験結果を示した。このエンドトキシンは口を麻痺させ、消化系を乱し、虫を餓死させる作用がある。

さらにはアメリカでは、除草剤耐性のイネの開発が活発である。除草剤を分解する酵素をつくる遺伝子を導入するなどの方法で、除草剤に抵抗性をもつように改変したものである。除草剤に強いと、一度に大量の除草剤を撒くことができ、省力化効果が大きい。しかも特定の除草剤に強い作物であるため、その除草剤をセットに売ることができるため、ビジネスとしてのうまみも大きいことから、モンサントなどの農薬メーカーが積極的に取り組んできた。

アメリカでは、アグラシータス社によって除草剤耐性のコシヒカリがつくられている。このコシヒカリの場合、田植えなど行わず、広大な耕地の上から大量に除草剤を撒き耕地の雑草をすべて枯らした後、また空から種を蒔き、雑草が出てきた頃を見計らってまた空から除草剤を撒く。この方法で、大幅なコストダウンが可能になっている。そのため、日本のコシヒカリとは比べものにならない安い値段でつくることが可能になっている。味も一級品である。自由競争が進むと、国際競争力をもたない日本の稲作は、ひとたまりもない。このアグラシータス社もモンサント社によって、後に買収されるのである。

しかも、その技術はいくつもの知的所有権によって権利が保護されており、他の企業が容易に参入できない仕組みがつくられている。自由競争が進むと、価格で太刀打ちできない日本の農業は壊滅的な打撃を受けるのは必至である。

このように米の新品種開発は劇的な変化を遂げつつあり、これが第二の緑の革命である、遺伝子組み換え作物の実態である。

第三章　トリプトファン事件

遺伝子組み換えとは

遺伝子の本体は一部のウイルスを除いてＤＮＡ（デオキシリボ核酸）である。そのＤＮＡはどの生物にも共通で、二本鎖のらせん構造をもっており、その鎖の上に四種類の塩基、アデニン（Ａ）、チミン（Ｔ）、シトシン（Ｃ）、グアニン（Ｇ）が並んでいる。その塩基の並び方によって、特定の蛋白質が作られる構造になっている。

ＤＮＡの上に乗った情報は、塩基が三つで一組の情報となって、まず伝令ＲＮＡ（メッセンジャーＲＮＡ、ｍＲＮＡ）に写される。これを転写という。このｍＲＮＡはリボソームに行き、その情報に基づいて転移ＲＮＡ（トランスファーＲＮＡ、ｔＲＮＡ）がアミノ酸をつなげていく。これを翻訳という。アミノ酸がつながって蛋白質が合成されていくことになる。

こうしてつくられた蛋白質が、生体のさまざまな構造になったり、酵素となって物質を分解したり新しい物質をつくって、生命の活動が営まれることになる。遺伝子はこのように生命の基本的な活動を支配している情報である。

その遺伝子を組み換えることで、生命活動の根本的な部分を変えることができる。それが遺伝子組み換えである。その生物種には本来なかった遺伝子を入れることもでき、種の壁を超えて生命を操作することが可能になった。

この遺伝子組み換えにはいくつかの手段が必要である。そのひとつが、導入するための遺伝子（DNA供与体）で、例えば病気に強い遺伝子を導入したいと考えれば、その遺伝子が必要である。

次にその遺伝子を目的とする細胞に入れるためのベクター（運び屋）が必要である。このベクターは細胞の中に入ったり、外に出たりすることができなければ用をなさない。そのベクターに導入したい遺伝子をのせて細胞（宿主）に入れる。それによって、その生物ではそれまでできなかった遺伝子産物をつくらせるなど、さまざまな操作が可能になった。

その他に、遺伝子を切ったりつなげたりするのに酵素が必要で、切るのが制限酵素で、つなげるのが連結酵素である。

さらには遺伝子がうまく入って機能しているかどうかを調べるために抗生物質に強い耐性遺伝子が必要である。抗生物質に強い遺伝子を入れておくと、導入した遺伝子がうまく機能しているものは、その抗生物質に曝されても生き残ることができ、機能していないものは抗生物質にやられてしまう。

それらの手段を用いて遺伝子組み換え作物の開発が行われているのである。

遺伝子組み換え食品とは

最初に行われた遺伝子組み換えは、目的とするある遺伝子を大量に増やすことが目的で行われた。その遺伝子組み換えでは、宿主に大腸菌を用い、ベクターにプラスミドという核外遺伝子（細胞の核にある遺伝子とは別の遺伝子）を用いていた。増やしたいと思っている遺伝子（DNA供与体）をプラスミドに組み換える。プラスミドは大腸菌を出入りさせることができるため、このような実験に大変好都合なのである。大腸菌を増殖させることで、その遺伝子を増やすことができる。このように同じ遺伝子を大量に増幅することをクローニングという。

遺伝子組換えは、このように種の異なる遺伝子や人工合成された遺伝子などを組み換えて、生物を遺伝的に改変したり、目的とする遺伝子を大量に増幅することである。遺伝子組み換え食品は、この原理を食べ物に応用したものである。

遺伝子組み換え食品には大きく分けて二つの種類がある。

一つは食品をつくる手段に遺伝子組み換え体を利用するものである。例えば微生物を利用してつくるような食品で、その微生物に遺伝子を入れて、その微生物を増殖させて遺伝子も増幅させることで、目的とするアミノ酸や蛋白質を大量に生産させるのである。現在は食品というよりも、もっぱら食品添加物としての酵素づくりに用いられている。日本で最初に認可された遺伝子組み換え食品添加物、バイオキモシンのつくり方がそれに当たる。

もう一つは遺伝子組み換え体そのものを食べる食品である。導入した遺伝子がつくり出す酵素で、より病気に強いもの、より大きなもの、よりおいしいもの等をつくる試みが、それに当たる。

後者の遺伝子組み換え食品で、組み換えでもたらす性格としては、遺伝子組み換え米でみた、「干渉作用」を利用した耐病性のものが、日本ではずっと研究されてきた。

そのほかに、遺伝子の働きを押さえてしまう、マイナスの遺伝子組み換えも行われている。これがすでに述べたアンチセンス法である。世界で最初に認可された日持ちトマト「フレーバーセイバー」の作り方がこれに当たる。

そのほかにも、殺虫能力をもたせるために殺虫毒素をつくり出す遺伝子を導入したり、除草剤を分解する酵素をつくり出す遺伝子を導入する作物も開発されていることは、すでに述べた通りである。

将来的には、寒さや乾燥に強く、病気に強く、しかもおいしいといった、遺伝子組み換え作物開発が目標とされている。そのためには、それを可能にする遺伝子を探さなければならない。そのゲノム（全遺伝子）解読の作業も同時に進行している。

組み換え作物のつくり方

遺伝子組み換え作物開発では、まず第一にどんな遺伝子を導入するかが問題である。「干渉作用」の場合、タバコモザイクウイルスやキュウリモザイクウイルスなど、病気を引き起こすウイルスの遺伝子の一部を導入する。ウイルスの遺伝子の中には、自分の殻（コート蛋白）をつくる部分があり、主にその部分を用いる。

干渉作用の利用は、人間の免疫反応を利用したワクチン開発と同じ方法である。ワクチンは、弱毒を投与するとその毒に対する抵抗力がつくられる性格を利用したものである。ウイルスの殻の部分をつくる遺伝子を導入することで、ウイルスに感染したと錯覚を起こさせることができ、それによって抵抗力ができる性格を利用したものである。

アンチセンス法は、目的とする蛋白質の合成を阻害するために、DNAから転写されたmRNAの働きを封じ込める方法である。DNAは二重らせん構造になっているが一方をセンス、他方をアンチセンスという。そこからこのアンチセンス法という言葉が出てきた。DNAから情報を転写されたmRNA（センスRNA）にぴったり合う相補的なRNA（アンチセンスRNA）をくっつけると、そのRNAの働きが押さえられて、蛋白質ができなくなる。その性格を利用したものである。

そのアンチセンスRNAから逆転写でDNAを合成する。それをcDNA（相補的DNA）という。そのcDNAを植物に導入するのが、この方法である。

除草剤耐性の場合は、現在は二つの方法が行われている。一つは、除草剤を分解する酵素をつくる遺伝子を導入する方法である。もう一つは、除草剤が植物を枯らす作用そのものに介入する遺伝子を導入する方法である。例えば、除草剤がある酵素の合成を阻害するとすれば、その酵素を合成する遺伝子を導入するのである。これらの遺伝子が働けば、作物は除草剤に対する抵抗性を持つことになる。

殺虫性の場合は、微生物農薬のBT（バチルス・チューリンゲンシス）の殺虫成分をつくる遺伝子を導入する。微生物の毒素には菌体外毒素（エクソトキシン）と菌体内毒素（エンドキシン）があり、一般的に、前者は毒性が高く、後者は低い。この場合は菌体内毒素をつくる遺伝子を導入する。BTのエンドトキシンは虫の口を痺れさせ、消化器系を阻害して虫を餓死させる作用を持っている。この遺伝子が働けば、作物を食べた虫はほとんどの場合死んでしまう。

導入する遺伝子が増えれば増えるほど、活躍の幅も広がる。

その遺伝子を細胞に導入する際に必要なのがベクター（運び屋）と呼ばれるもので、そのベクターとして活躍しているのがプラスミド（核外遺伝子）である。植物の場合、土壌細菌のプラスミドを使うケースが多い。その代表格が、がんを引き起こす細菌のTiプラスミドと、毛根病を引き起こす細菌のRiプラスミドである。

遺伝子導入の方法としては、薬品処理かエレクトロポレイション法が用いられている。日本でよく使われるのがエレクトロポレイション法で、プロトプラストの状態の細胞に放電すると一時的に膜が乱れて、穴が開いた状態になり、まわりに置いてあった、遺伝子が組み込まれたプラスミドが細胞の中に入って、ＤＮＡの組み換えが起きるのである。

その他に、コーンなどの穀物類のように導入が難しいものについては、遺伝子銃といって、空気銃のようなもので打ち込む方法も普及している。アメリカでは、この遺伝子銃を用いて遺伝子組み換えの穀物の開発が進んでいる。ところが日本ではこの遺伝子銃が使えない。この銃の特許をデュポン社やアグラシータス社が押さえているからである。しかも、この銃を使わないと、例えばイネの場合、ササニシキ、コシヒカリのような銘柄米は、遺伝子組み換えでの開発ができない。

培養中の組み換えポテト培養

日本の研究者がこれまで推進してきた、エレクトロポレーション法では、細胞を裸の状態にして行う。ところがこのような銘柄米は、プロトプラスト状態にすると細胞が死んでしまうのである。この特許問題が日本の企業の開発に、いま重くのしかかっている。

次に、遺伝子を導入した細胞を薬剤で選抜して、本当に目的遺伝子が入ったかどうかを確認することになる。その確認には通常は抗生物質に強い遺伝子を目印（マーカー）として一緒に入れて行う。主にカナマイシンを分解する酵素をつくる遺伝子を用いている。もし遺伝子がうまく入って働いていれば、カナマイシンに対して生き残り、もし働いていなければカナマイシンにやられてしまう。このような薬剤で選抜する方法が用いられている。最近では抗生物質耐性遺伝子を入れず、細胞分裂を起こしたとき、その一部を取り出して、ＰＣＲ法というＤＮＡ増幅装置で確認する方法も取り入れられている。この方法を用いると、抗生物質耐性遺伝子がつくり出す酵素ができないため安全性は高くなる。除草剤耐性作物の場合は、除草剤そのものを使って選抜することもある。

遺伝子組み換え技術は、導入する遺伝子によってさまざまな新しい性格を与えることができる。現在はまだ、わずかの遺伝子しか導入されていないが、今後、さまざまな遺伝子が用いられることになる。その中で最も注目されているのが、植物の成長を支配している光合成に関わる遺伝子、寒さに強い遺伝子、塩に強い遺伝子などである。

遺伝子組み換えが成功したと確認された細胞は、培養され、圃場に移され、作物として育てられる。これが通常の遺伝子組み換え作物の作り方である。

遺伝子組み換え食品添加物キモシン

厚生省は、九一年七月に遺伝子組み換え食品のガイドライン（指針）を告示した。このガイドラインは、その対象として、組み換え体そのものを食べるものは除いてあり、組み換え体を利用してつくった食品だけに適用されるものだった。

九四年一月一四日厚生省は、遺伝子組み換え技術を用いた食品添加物キモシンの安全性を、食品衛生調査会に諮問した。九四年九月十七日に安全が確認されたとして、輸入が認可された。これがこのガイドラインに絡んだ初めての認可であった。

キモシンは牛乳を固めるために使われる、ナチュラルチーズの生産にはかかせない酵素である。従来キモシンは子牛の胃から取っていた。それでは多数の子牛を殺さなければならず、生産量にも限界があることから、多くの場合、それに類似した酵素が使われていた。だが、それでは味が落ちてしまう。そこで遺伝子組み換え技術を使い大腸菌や酵母に生産させたバイオキモシンが開発され、八八年にスイスで実用化された。それをきっかけに、すでに多くの国で使われるようになり、日本もそれに追随した。

認可されたにもかかわらず、九四年から九五年にかけて、バイオキモシンは日本の国内市場に入ってこなかった。最大の理由は、消費者の抵抗を恐れたことだった。もうひとつの理由は、日本での天然キモシン（レンネット）の市場をほぼ独占している野澤組の動向を見ていたことがあげられる。

九四年九月には、アメリカ・ファイザー社製のものをファイザーが、オランダ・ギスト・ブロカデス社製のものをロビン社が輸入することが認可された。これに加えて、遅れて野澤組がデンマーク・ハンセンズ・ラボラトリウム社製のものを輸入することが決まり、日本市場をバイオキモシンが席巻する日が近づいた。

だが、この認可に先立って、バイオキモシンを用いたチーズが一部出回っていた可能性も疑われている。というのは、欧米から輸入されるチーズの中にはこのバイオキモシンが用いられているものがあるからで、厚生省によると、輸出する段階でチェックが働くのは一部の国で、ほとんどの国からはフリーに入ってしまうからである。アメリカではすでにチーズの大半がバイオキモシンでつくられているといわれている。

しかも、このガイドラインには、遺伝子組み換え食品か否かを示す表示義務を入れなかった。そのため、遺伝子組み換え食品かどうかを区別することは不可能である。

バイオキモシンの安全性についても、確立されたものではない。微生物由来の蛋白質が含まれている可能性は高く、もしそれが人間にとって有害なものであれば、第二のトリプトファン食品公害事件を引き起こす危険も十分考えられる。

では、そのトリプトファン事件とは、どんなものだったのだろうか。

トリプトファン事件

一九八八年から八九年にかけて、昭和電工が製造した健康食品トリプトファン製品が、大規模な食品公害事件を引き起こした。

この食品公害事件は、主としてアメリカで発生したもので、日本を含めその他の国でも少数ながら被害者がでている。アメリカでの被害者は、主として女性に集中した。トリプトファンは必須アミノ酸であり、大量に摂取する以外、健康被害を招くといった、問題は起き得ない。製造過程で問題が生じたと見られているが、最も疑われているのが不純物である。

微生物を用いて、目的とする遺伝子を大量増幅して、その遺伝子の産物を製品にする場合、微生物自身がつくる産物をどれだけ除去できるかが、製品の品質の決め手となる。このトリプトファンの製造には枯草菌類が用いられている。昭和電工の製品には、この枯草菌類がつくりだす産物がかなりの量、不純物として含まれていたと見られている。しかも、それが人間にとって有害なものだった。

アメリカのトリプトファン市場は日本の企業がほとんどを占めているが、なかでも健康食品に関しては昭和電工が市場の約八割を占めてきた。昭和電工は新潟水俣病を始め、塩尻工場・川崎工場などでも、数多くの公害、労災・職業病を引き起こしてきた企業である。その企業体質に問題ありと指摘され、神奈川県大磯町への研究所移転が地元住民によって拒否され、千葉市への進出でも地元住民の激しい反対運動に出会っている。

その他の製薬メーカー、化学メーカーなどがつくるトリプトファンは、昭和電工より値段がはるかに高いものだった。その分昭和電工が手抜きをしていたことは十分考えられる。事実その他のメーカーのものからは、これといった問題になりそうな不純物が見いだされなかったのに対して、昭和電工がつくった製品からは複数の不純物が検出されている。

このようにトリプトファン食品公害事件は、遺伝子組み換え技術が原因とされ、製造工程でつくられた複数の不純物が引き起こしたと見られているが、好酸球増加・筋痛症候群（ＥＭＳ）によってアメリカを中心に被害者が約六〇〇〇人発生した。このＥＭＳについては、白血球の一つである好酸球の増加、筋肉痛、呼吸困難、咳、発疹、四肢のむくみなど、さまざまな症状が報告されており、少なくとも三八人が死亡している。

この食品公害事件は、遺伝子組み換え体によってつくられた食品が予期しないものを作り出し、しかも大規模の被害を引き起こしたと思われる点で、バイオキモシンの安全性をめぐる議論と共通点をもっている。

この事件は遺伝子工学が産業に応用されて以来、初めて起きた大規模な食品公害事件だったが、その教訓は、日本の厚生行政の中に生かされていない。

第四章　繰り広げられた安全性論争

遺伝子組み換え技術の問題点

　遺伝子組み換え技術は、これまで自然界にはなかった生物をつくるなど、生命の基本を操作するという、「神の領域」に人間が手をつけたことを意味する。このようなことは許されることなのか、許されるとしたらどこまでか。このような議論がまともに行われないまま、研究を推進したい人達によって進められてきた。

　最初、遺伝子組み換え実験が始まったときに最も心配されたのが生物災害（バイオハザード）だった。一九七三年にアメリカ・カリフォルニア大学のバーグやコーエンらによって遺伝子組み換えが可能になり、その是非をめぐって科学者はもとより、一般市民を巻き込んだ激しい論争が起きた。

その論争は主に二つの問題で争われた。一つは、人間はどこまで生命に介入できるのか、という倫理的な側面であり、もう一つは安全性についてだった。

当時アメリカでは、インフルエンザウイルスと腫瘍ウイルスを組み合わせた雑種のウイルスをめぐってバイオハザードをめぐる議論が起きていた。またイギリスでは、大学の実験室にあった天然痘ウイルスでの感染事故が起き、大きな衝撃を社会に与えていたときだった。遺伝子組み換え実験によって未知の生物がつくられ、それが異常に増殖して生態系を破壊したり、人間に害をもたらさないだろうか、という点が懸念された。

一九七四年にバーグによって、安全性が確認されるまで実験は一時中止すべきである、というわゆる「バーグ声明」が出され、それを受けて一九七五年に各国から科学者が集まり、この問題を討論する会議が開かれた。アメリカ・カリフォルニア州アシロマで開かれたことから、この会議は「アシロマ会議」と呼ばれた。

この会議で遺伝子組み換え実験の規制を二つの方向で行うことが決められた。一つは、実験の設備・施設に基準を設けて扱う生物が外に洩れでないようにしようというもので、これを物理的封じ込めといった。もう一つは、もし生物が外に洩れ出たとしても環境中で生き延びられないものを使おうというもので、これを生物学的封じ込めといった。その上でさらに、ＤＮＡ供与体には人間及び人間に近いものは使わないという原則が打ち出された。

このアシロマ会議が打ち出した方向に基づいて、アメリカＮＩＨ（国立衛生研究所）が七六年に実験指針（ガイドライン）を作成した。そのＮＩＨの指針を模範にして、各国でそれぞれ独自の実験指針づくりが始まった。

日本においても七九年に、文部省・科学技術庁の実験指針が相次いでつくられ、実験が開始された。文部省の指針は大学や文部省の研究所を対象とし、科学技術庁の指針は企業やその他の研究機関を対象としたものだったが、内容はほとんど変わらなかった。

その後、この遺伝子組み換え技術をめぐっては、科学者の間で「規制を厳しくすると成果が上がらない」「そんなに危険なものではない」という声だけが大きくなっていった。その声をバックに次々と規制の緩和が打ち出されたが、日本も例外ではなかった。

また、遺伝子組み換え技術が、実験段階から応用段階に進んだときにも次々と指針がつくられていった。これまでの文部省と科学技術庁の指針は、「実験」を規制するもので、実用段階のものではなかった。実験を終えて実用段階に達したものを対象にした利用指針づくりが各省庁で一斉に始まっていった。通産省が工業の製造工程に適用する「工業化指針」を告示したのは八六年六月十九日、厚生省が「医薬品製造のための指針」を告示したのは八六年十二月十八日、そして農水省が「農林水産分野における指針」を告示したのは八六年十二月十八日のことだった。

応用段階の指針による規制は、実験段階のそれとは比較にならないほど緩やかである。このように科学者の圧力によって規制緩和が進められていく一方で、遺伝子組み換えに伴う「危険性」

も明らかになってきた。

その代表例がフランス・パスツール研究所で起きた、がん多発事件である。遺伝子組み換え実験を行っている研究者の間で、次々とがんが発生したという事件である。原因は結局、曖昧なままにされてしまった。トリプトファン事件もまた、「危険性」の一端を示したものだった。

フレーバー・セイバーとは

一九九五年、世界で最初の組み換え体そのものをたべる遺伝子組み換え食品が市場に登場した。カルジーン社が開発した遺伝子組み換えトマト「フレーバー・セイバー」である。

このトマトは、遺伝子の働きを押さえ酵素を抑制して、実が熟れて柔らかくなるのを遅らせたものである。実がやわらかくなる酵素をポリガラクチュロナーゼという。その酵素ができる遺伝子を封じてしまう方法にアンチセンス法が用いられ、それによって酵素ができず、長持ちするという仕掛けである。

このようになかなか実が熟れず柔らかくならないようにすると、実が十分に熟してから収穫でき、店頭に置くことができる期間も長くなり、冬でも市場に出せる。カルジーン社は、このトマトの販売のために特別にカルジーン・フレッシュ社をつくる力の入れようだった。その後、このカルジーン社がモンサント社に買収されたことは、すでに述べた通りである。

この組み換えトマトをめぐっての安全性論争は、レストランのコックがトマト販売に反対の署名を行うなどして全米に広がった。そして、最終的には組み換え食品に表示を入れるか否かが最大の争点になった。最終的に、米国食品医薬品局（ＦＤＡ）は表示を義務づけなかったが、カルジーン社は、表示を入れたほうが売れると判断し、結局表示をつけた形で販売された。

フレーバー・セイバーの場合、安全性論争で最も焦点になったのが、マーカー遺伝子として用いる抗生物質カナマイシンの耐性遺伝子がつくり出す酵素をめぐってであった。この酵素は人間に害をもたらさないのか、抗生物質耐性菌の増大をもたらさないか、という点だった。

この抗生物質耐性遺伝子は、遺伝子組み換えがうまくいったかどうかを見るものであることは、すでに述べたが、この酵素がはたして安全かどうか、未解明なままだった。ＦＤＡは結局これを食品添加物扱いで認めたのである。

アメリカで話題になったこのトマトが、直接日本に輸入されることは、当初はあり得なかった。その一つの理由が、オランダ以外のヨーロッパの国々と、アメリカからのトマトの輸入が、タバコペト病の関連で禁止されているからである。アメリカは、組み換えトマトの輸入解禁を求めて、植物防疫法改正を迫ってきていた。そして、ついに九七年に同法が改正されトマト輸入が解禁された。こうして一つの理由がなくなった。

しかし、もう一つ理由があった。このフレーバー・セイバーをめぐって、アメリカのカルジーン社とイギリスのゼネカ社の間で、特許紛争が勃発した。この知的所有権紛争が影響した。この紛争は、最終的には和解に漕ぎ着け、生食用はカルジーン社、加工食用はゼネカ社が権利を獲得し、住み分けを成立させた。

日本の企業は、キリンビールがカルジーン社とクロスライセンス（特許を交換し合うこと）で権利を獲得し、カゴメがゼネカ社から権利を獲得して、日本国内でつくり、販売することになった。キリンビールは、関連会社のトキタ種苗が、ミニトマト市場の六割を押さえているため、当初ミニトマトと交配して、日持ちミニトマトとして開発していく方針だった。が、その後見直しがはかられている。またカゴメはケチャップなどの加工用として開発を進めてきた。

bSTとは

組み換えトマトの「フレーバー・セイバー」と並んで、長い間安全性が論議されたのがウシ成長ホルモン（bST）だった。これはアメリカのモンサント社やイーライ・リリー社などが遺伝子組み換え技術を使って開発した薬で、このbSTを投与すると子牛の場合成長が早まり、大きくなった後は乳量が増加する。

アメリカでは、このbSTの野外での安全性評価試験が八五年から始まり、同時に反対運動も起きた。とくに小規模酪農家や消費者団体が反対運動を繰り広げた。八九年には大手スーパーマーケット・チェーン五社が反対の立場を表明、乳製品生産企業の間でも「当社はウシ成長ホルモ

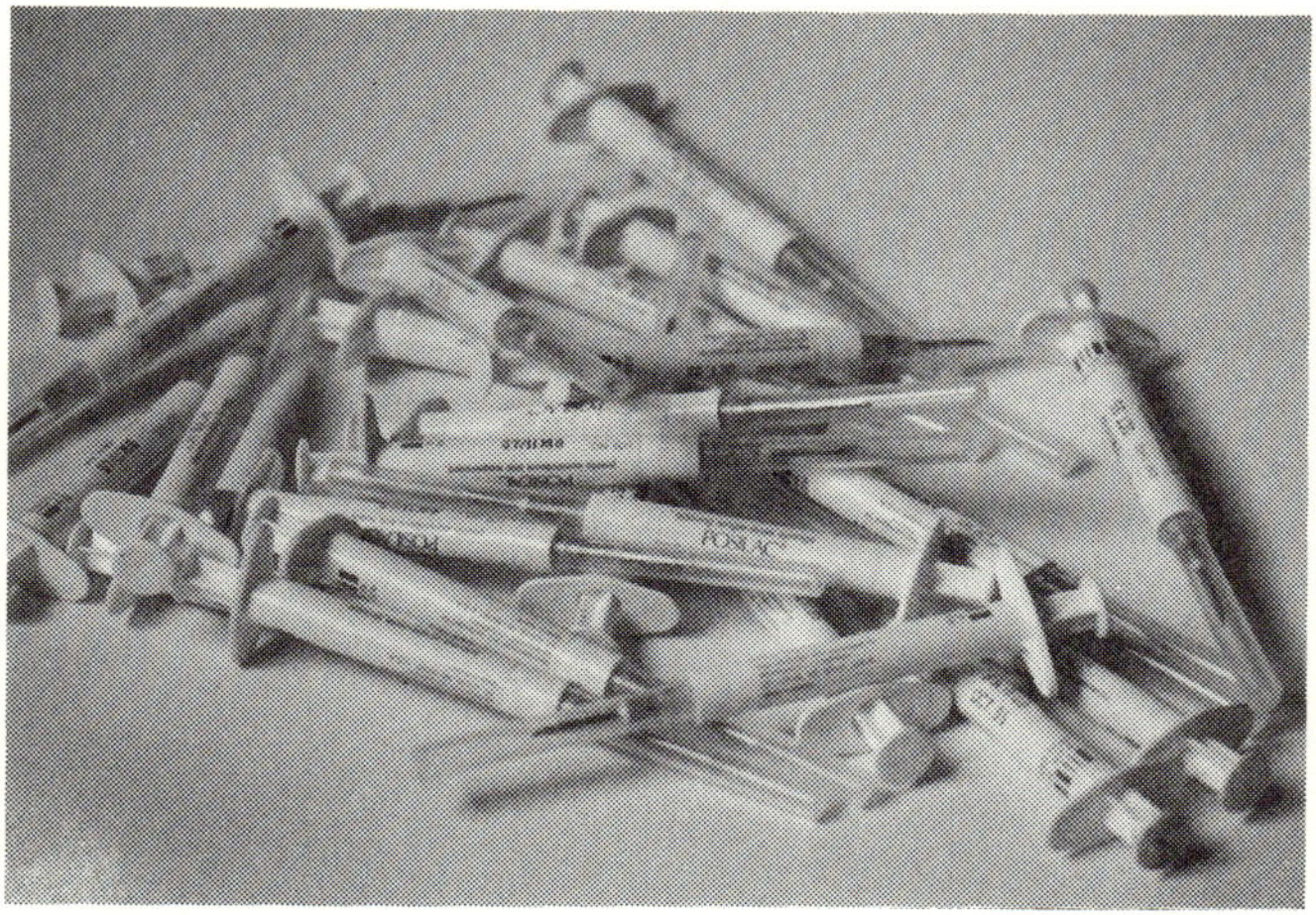

ウシ成長ホルモン（ｂＳＴ）

ンには反対です」というメッセージを製品に載せるところも出てきた。九年間にわたって激しい論争が続き、九三年一一月にやっとＦＤＡが許可を与え、九四年二月から発売が始まった。

ヨーロッパでも、このｂＳＴへの反対運動が起きた。そのためモンサント社は、東ヨーロッパ、南アフリカ、メキシコ、ブラジルなど規制がなかったり、あっても緩やかなところで、アメリカで認可される以前に発売を行ってきた。

このｂＳＴについて、イリノイ大学のサミュエル・Ｓ・エプスタイン教授は「牛乳中のｂＳＴは血液に吸収され、アレルギーやホルモンへの影響が考えられる」ことと、「その危険性はとくに乳幼児に高くなる」ことを指摘した。これがｂＳＴの安全性をめぐる論争のきっかけになった。さらに教授は、「牛乳や牛肉にインシュリン様成長因子が増加するため、女性と子供に乳がんが発生する危険性が高くなる」とも指摘している。

牛自体も、不当な搾取によって、免疫力が低下するなど体が弱まることになる。牛乳もまた、ビタミンB13などの重要な栄養素が欠乏することが指摘されている。また消費者団体は「この成長ホルモンを投与した牛は乳腺炎にかかりやすく、そのためミルクに膿汁や細菌が混入したり、抗生物質の残留量が多くなる危険性が高くなる」と指摘し、反対してきた。

これに対して、モンサント社など生産している企業側は「それらの指摘は根拠のないものである」と反論を加え、FDAも冷ややかな対応を取ってきた。そして認可された。しかし、このbSTを注射すると、牛から取れる乳の量が七パーセントから一四パーセントも増加するため、徐々に使用量が増大し、九五年の売上げは一億五〇〇〇万ドルに達したといわれている。このホルモン剤の日本の乳牛二〇〇万頭を対象とした売り込みも近いと見られている。

安全性論争

遺伝子組み換えはまだ未知の領域が大きな技術であり、食品に応用されたときに想定される危険性も多い。とくに問題になってくるのが、組み換えた遺伝子がつくりだす産物が、それまで人間が経験したことがない質と量をもっている点にある。

遺伝子を組み換えることで、その生物でそれまで考えられていたこととは異なる振る舞いをすることが起こり得る。そのような事例がウイルスの世界ではいくつか報告されている。導入した遺伝子や、マーカーとして用いられる抗生物質耐性遺伝子の産物が、これまで人間に対して考えられなかったような悪影響、未知の毒性をもっていたり、新しいアレルゲンになることが懸念されている。

また抗生物質の多用は、耐性をもったバクテリアを増やすことになりかねない。最近は汚染物質の増大にともない、アレルギー病の人が増えている。新しい未知の物質を食品の中にいれることで、アレルギー病を増加させる恐れもある。野放しの開発は、予測できないものまで含めて、さまざまな物質が食品の中に入ってくる危険性を増幅させる。

また、作物をつくる過程での環境への悪影響も懸念されている。最も恐れられている影響は、生態系の破壊である。これまで自然になかった改造生物が持ち込まれたとき、その改造生物自体が異常に増えたり、飛散した花粉によって他の生物と交雑して増えたりして、生態系に影響を及ぼす危険が指摘されている。

そして、もうひとつの危険性は、干渉作用を高めるためにウイルスの一部を導入した際に、その遺伝子と新しく感染したウイルスの間で遺伝子交換が起き、そのウイルスが、これまで考えられなかった病害性をもってしまうことである。

それについても最近になっていくつかの科学的知見が出てきている。その一つが、米ミシガン大学のリチャード・アリスン助教授らの研究グループによって行われた実験結果で、九四年三月十一日付け『サイエンス』誌上で発表された。この研究チームが明らかにした問題点とは、遺伝子組み換えでウイルスの一部を導入しウイルスへの抵抗性をもたせたタバコ植物に、同じウイルスで無害化したものを感染させたところ、一部のものが病害性をもってしまったというものだった。すなわち、植物に組み込んだウイルスの一部と、感染させたウイルスの間で遺伝子の交換が起きたのである。

このような遺伝子の交換はよくあることであり、遺伝子組み換え作物が次々とつくられることによって、生態系への影響が心配されている。

遺伝子組み換えで改造した微生物に生産させる組み換え体利用の食品の場合の危険については、すでに昭和電工トリプトファン食品公害事件で見てきた。同様の事件が起きる危険も懸念されている。

以上の点をめぐってこれまで安全性論争が展開されてきたが、論争に決着がつくのは、かなり先の話となる。そこで問題になってくるのが、安全性評価に基づく規制である。そのために設けられているのが、ガイドライン（指針）である。

指針（ガイドライン）

遺伝子組み換え実験は、物理的・生物学的の二つの方向からの封じ込めを原則に、指針がつくられていることは、すでに述べた通りである。その後の指針の緩和によっても、この原則は生きている。

実験段階から応用段階になり、各省庁によって利用指針がつくられた際、もっとも問題となったのが野外での利用だった。野外での利用の場合、最初から封じ込めの原則が適用できなくなるからである。

この野外実験の開始をめぐって環境行政との関わりが出てきた。この野外実験の問題を積極的に取り上げたのがヨーロッパ緑の党連合で、EC議会で積極的に取り上げたことから、九〇年にEC閣僚理事会はEC指針を出し、実効力のある規制を求めることになった。それに基づいて法制化をはかる国が出始めた。その代表的な国が、ドイツ、デンマークだった。

日本でも環境庁が動き始めた。八九年二月に「遺伝子組換え体の開放系利用に伴う環境保全の基本的考え方」をまとめ、野外実験に対する指針づくりに入った。翌九〇年三月には、EC指針を受け、世界的流れに乗って、指針から法規制に方針を転換させ、法制化に向けた作業が中央公害対策審議会で行われることになった。そして中央公害対策審議会の中にバイオテクノロジー専門委員会がつくられた。

ところが、この法制化の動きに対して反対運動が活発化していった。まず通産省バイオインダストリー協会（ＪＢＡ）の学術交流会議の中心メンバー四五人の学者が批判した。次に生化学学会など一七の学会が参加している遺伝子操作協議会が批判した。さらには日本学術会議の生命科学と生命工学特別委員会が批判。経団連やバイオインダストリー協会主催日米欧三極合同シンポジウムが批判。できたばかりの農林水産先端技術産業振興センター（ＳＴＡＦＦ）も批判、といった徹底的な法制化潰しが進められた。何より驚かされたのは、肝心の法制化を検討するはずの中公審バイオテクノロジー専門委員会の中に、四人も法制化反対のＪＢＡの要望書に名前を連ねていた。中村桂子、原田宏、矢野圭司、吉倉廣である。その結果、とても規制とはいえない「利用指針」があるだけとなったのである。

野外実験の次に問題になったのが、食品への応用だった。厚生省は九一年七月に、「組換えＤＮＡ技術応用食品・食品添加物の製造指針」と「同安全性評価指針」の二つの指針を告示した。しかし、このガイドラインが対象としているのは、組み換え体に生産させたものだけであって、組み換え体そのものを食べる項目は入っていなかった。そこで、組み換え体そのものを食べてもいいようにと、新しいガイドラインづくりが始まったことは、すでに述べた通りである。

現在、遺伝子組み換え食品が、実験段階から食品として認められるまでには、五段階の安全性評価試験を行わなければいけない。第一段階は実験室・隔離温室での安全性評価。ここではいわゆる封じ込めの原則が適用される。第二段階は非閉鎖系の温室での安全性評価。網室といって外気とつながっているが虫などは入れない温室での評価である。この第一、第二段階は、科学技術庁の組み換えＤＮＡ実験指針に基づいて行われる。

第三段階は隔離圃場での安全性評価。周辺を林などで囲まれた屋外の圃場での評価で、ここから野外実験になる。第四段階は一般圃場での安全性評価。この第三、第四段階は、農水省の利用指針に基づいて行われる。

最後に、第五段階として、食品としての安全性評価がある。それが、厚生省がつくった「遺伝子組み換え体そのものを食べてもよい」とする指針に基づいて行われる。これは、すでにある「組み換え体利用」の指針が改正され、「組み換え体そのものを食べてもよい」ものも含まれるようになったのである。

第一、第二段階の科学技術庁の実験指針は、七九年に告示されてから、幾度にも及ぶ大幅緩和が行われていて、規制としての実効性に乏しいものに変わっている。第三、第四段階の農水省の利用指針は、最初から規制の基本である「封じ込めの原則」を放棄したものである。第五段階の厚生省による、食品としての安全性評価指針は、未知の毒性や新しいアレルゲンのチェックにおいて実効性がないものになっている。

なぜ指針が、実効力をもたないのか。法制化が潰された以外に、もう一つの理由がある。それは経済性を優先し、国際協調をはかるために、ＯＥＣＤ（経済協力開発機構）が打ち出した「実質的同等」という原則を取り入れたことである。

ＯＥＣＤが、科学技術政策委員会の中にバイオテクノロジー安全性専門委員会（ＧＮＥ）を創設したのは、一九八三年。そのＧＮＥが「組み換えＤＮＡの安全性に関する考察」をまとめたのが一九八八年。この考察の中で、遺伝子組み換え技術を用いて遺伝的に改変された生物について、

「組換えDNA技術は従来の育種法を拡大したもの」である、という認識が打ち出された。

GNEは一九八八年から、遺伝子組み換え食品の安全性に関する検討を始め、その考え方をまとめたのが一九九二年で、翌九三年に発表された。その考え方の中で打ち出された最も重要な概念が「実質的同等」だった。同じ作物がある場合、既存の作物と実質的に同じと考えられれば、さらなる安全性又は栄養上の懸念は重要でないとみなされる、としたのである。従来の育種法を拡大したもの、という考え方の延長線上に誕生した概念である。厚生省の安全性評価指針は、この考え方に基づいてつくられた。

その結果、これまで申請されたすべての作物が実質的同等と見なされて、ほとんど評価が行われないまま、食卓に出回り始めたのである。

指針に基づく規制は、このようにいずれも実効性に乏しく、安全性よりも経済性を優先したものになっているのである。

第五章　生命操作はどこまで進むか？

バイオ食品の現状

バイオテクノロジーの特徴のひとつは、自然のままではいくら工夫しても不可能なことを、可能にするところにある。

生物は大変保守的な世界である。変化を与えようと思っても、簡単には変わってくれない。その変える力をもっている技術である。もうひとつの特徴は、時間の短縮である。生物は長い時間をかけて今日の姿形がある。品種の改良にしても長い時間をかけてやっと可能であった。ところがバイオテクノロジーはこの時間を一挙に短縮することができる。

そしてまた、この技術をもっているのが企業であることから、食糧生産への企業の支配力が強まることになる。農家はすでに企業への依存度を高めてきた。肥料・農薬、農機具、ビニールなどを買わざるを得なくなっている。種や苗までも買うようになってきた。その種や苗がバイオテクノロジーでつくられるようになると、もはや自家採種・栽培は不可能になる。

バイオテクノロジーは大変広い応用範囲をもっている。植物ではこれまで主に、組織培養・細胞融合などが利用されてきた。家畜では人工授精・体外受精などの生殖操作が行われてきた。魚では受精卵操作によって不妊状態にする三倍体の作成と、すべて雌ばかりにする雌性発生などが行われてきた。

これからは植物、家畜、魚、いずれも遺伝子組み換え食品の開発が、バイオ食品の中心になっていくと思われる。最初に植物でのバイオテクノロジー応用から見ていくことにしよう。

培養技術は、植物バイオテクノロジーの分野では以前から確立された技術である。組織とか細胞を取りだし、培地で培養させる技術であり、培養する箇所によってさまざまな名前がつけられている。胚を培養すれば胚培養であり、葯《やく》を培養すれば葯培養であり、生長点などの組織を培養すれば組織培養となる。

この組織培養などの培養技術が、新しいハイブリッド種を次々と生み出してきた。植物の一部を取り出して培養するこの技術を用いると、ハイブリッド種が簡単にでき、しかもウイルスのない病気になりにくいものをつくることができる。この組織培養で量産する植物が増えている。

さらには、この培養技術を用いると、これまでできなかった新しい品種の開発も可能になる。

小松菜とキャベツを組み合わせた千宝菜、キャベツと白菜を組み合わせたハクランなどがそれにあたる。これらはいずれも、通常の場合、種が異なるため受粉しても育たないが、受粉して胚になった段階で人工的に培養して育てたものであり、すでに市販されている。

いまイネなどで活発に行われているのが、プロトプラスト培養であることは、すでに述べた通りである。

細胞融合は、自然交配では不可能なものどうしをかけ合わせることができるところに特徴がある。ドイツのマックスプランク研究所で十数年前に開発された、ポテトとトマトを一緒にした「ポマト」がこの技術を有名にした。これは食べることを目的に開発されたものではないが、それにしても、とても食べられるようなものではなかった。

しかもこのポマトは、できた実の中にじゃがいもの芽に含まれる有害物質ソラニンが入り、安全性の面でも新しい問題を提起した。遺伝子が偶然にまかせて組み合わさることから、どの組織でどういう産物ができるか分からないところに、この技術の大きな問題がある。

その他にも、さまざまなかけ合わせが試みられている。細胞融合による新品種開発の代表的なものに、オレンジとカラタチを細胞融合させたオレタチ、メロンとカボチャを細胞融合させたメロチャ、そしてイネとヒエを細胞融合させたヒネなどがある。

細胞融合でつくる作物は、かけ合わせる植物の細胞をそれぞれプロトプラストの状態にして、電気パルスか薬品を使って融合させてつくる。この細胞融合の主要な目的は、新しい品種開発ではなく、リスク対策にある。ポマトをつくった目的は、トマトにポテトの性格を付与して、寒さに強いものをつくることにあった。ヒネもヒエの寒さに強い性格をイネに付与したいという目的でつくられた。メロチャもまた、土壌病害に弱いメロンにカボチャのもつ病害に強い性格を付与するのが目的であった。

最近取り組まれている、現実性の高い細胞融合の方法がある。最初、加工米育種研究所で行われ、その後、日本たばこ産業などにその成果が受け継がれた、イネ同士の細胞融合で、中国などで採取されてきた野生種のイネと、ジャポニカ種のイネを融合させたものである。それぞれをプロトプラストにして、野生種にX線を照射してその核を不活化し、そして電気パルスで融合する方法でつくられている。このように片方の核を不活化させる方法を非対称細胞融合という。ジャポニカ種としては「アキヒカリ」などが用いられている。このように融合させると細胞の核はジャポニカ種となり、細胞質はジャポニカ種と野生種のミックスになる。今後、この非対称細胞融合の開発が活発になると思われるが、この細胞融合には、遺伝子組み換えと異なり、指針などの規制はなく、野放しの状態である。

青いバラ戦争

また食べ物以外に花の開発も盛んになっている。どこが最初に青いバラを商品化できるかという「青いバラ戦争」がつづいている。九〇年に大阪で開かれた花博がきっかけになって、組織培養技術を駆使した多種多彩なランが花開いた。花バイオテクノロジーの世界は、現在、ポスト・ランとして、「青いバラ戦争」に焦点が移行している。

一九九一年にサントリーとオーストラリア・フロリジーン社（旧カルジーン・パシフィック社）の研究グループが、ペチュニアの青色色素から青い花を咲かせる遺伝子を取り出すことに成功し、その遺伝子をバラに導入して青いバラを咲かせようと進めている。九三年にはキリンビールと協和発酵も相次いで、ナス、ペチュニアから遺伝子を取り出すことに成功した。確かに青いバラは咲いた。しかし、青い色がなかなか安定しないという難点があり、商品化が遅れている。

もし最初に青いバラを咲かせることができれば、大変な利益が得られるという思惑が、競争の過熱化を招いている。青いバラは、世界中のバラの育種家が開発を目指したものだった。しかし従来の交配による品種の改良では青系統の花を咲かせることができなかった。遺伝子組み換え技術がそれを可能にしようとしている。

バラ以外にも、遺伝子組み換えの花の開発が試みられている。そのひとつが、キュウリモザイクウイルスに抵抗性をもったペチュニアで、ペチュニアの病気にかかりやすい性格を変えようというのが目的で、サントリーが開発を進めてきた。

もうひとつは、わざと小さくしたミニトルコギキョウである。微生物由来の植物ホルモンの生合成を調節する酵素の遺伝子を導入して、観賞用としては大きくなり過ぎるトルコギキョウを小さくしてしまおうというもので、キリンビールが開発を進めてきた。

しかし、九四年六月、キリンビールは突然、このミニトルコギキョウ開発からの撤退を打ち出した。というのは、組み換えに用いる抗生物質耐性遺伝子が、モンサント社の特許に抵触するためだった。サントリーもまた、ウイルス抵抗性ペチュニア開発からの撤退を打ち出した。同じ理由だった。

サントリーは代わりに、日持ちのよいカーネーション、ついで白ギクの開発に取り組み始めた。いずれもオーストラリア・フロリジーン社が開発したもので、カーネーションは輸入の、白ギクは商業化の権利を獲得している。この日持ちのよい花は、いずれもアンチセンス法が用いられており、除草剤耐性遺伝子も合わせて導入している。

サントリーが先導した形で、新しいバイオテクノロジーを用いた、花戦争が起きつつある。

組み換え作物開発の現状

いまアメリカでは、フレーバー・セイバーの発売がきっかけになって、遺伝子組み換え技術を用いたハイブリッド品種の開発合戦が激化している。許可された遺伝子改造植物の野外試験の数はすでに九二年までで三五五に達している。日本で野外試験に入っている数が五件（九三年現在）であり、それと比べればその数の多さが目立つ。野外試験の件数は年々増大し、九二年一年だけで一二〇件を超えている。

ＯＥＣＤ加盟国の中で行われた野外実験は、九二年までに八六四件に達した（九二年だけで三九三件）。八六年から始まった野外実験は（八六年だけでは一件）、わずか六年でこれだけの数に達したのである。

一位はアメリカで三一六件、二位はカナダで三〇二件、次いでフランス（七七件）、ベルギー（六二件）、イギリス（四五件）とつづく。これらがフレーバー・セイバーにつづいて、ぞくぞくと市場に出回ることになる。

この開発された遺伝子組み換え植物をどこが開発しているかというと、第一位がモンサント社（八四件）、第二位がカルジーン社（四三件）である。モンサント社はカルジーン社を買収し、独占的地位を確立している。開発された植物は、一位トマト（六三件）、二位ジャガイモ（五一件）、三位タバコ（四一件）、四位ダイズとトウモロコシ（三八件）となっている。商売になる作物がターゲットとなって開発が進められてきたといえる。

そして注目されるのは、遺伝子組み換えによってどういう性格を植物に加えたのかという点である。一番多いのが除草剤耐性の性格である（一一二件）。二位が耐病性（九六件）、三位が殺虫性（六九件）、四位が貯蔵性（一九件）、五位が栄養（一二件）となっている。上位三つでほとんどを占めている。除草剤はすでに述べたように、特定の除草剤に対して強い作物をつくろうというものので、なぜこれが多いかというと、その省力化によるコストダウン効果の大きさにある。またモンサントのように、除草剤をつくっている企業がその除草剤とセットにして売るためなのである。もしモンサントから種子を買うようになると、一緒に除草剤も買わなければならなくなるのである。

日本の場合、最初に実験されたのは、農水省が開発したタバコモザイクウイルスへの抵抗性をもったトマトで、すでに実験は終了している。しかしこれは食品として開発されたのではなく、あくまで実験として取り組まれたものだった。このトマトを筆頭に、日本では、植物の干渉作用を利用した耐病性の作物開発が中心である。

そのトマトの次に、縞葉枯病ウイルスへの抵抗性をもったイネ「日本晴」と「キヌヒカリ」が、農水省（複数の研究所）と植物工学研究所によって開発されている。またキュウリモザイクウイルスに抵抗性をもったメロンが農水省（複数の研究所）によって開発され、実験中で、その他にも、同じくキュウリモザイクウイルスに抵抗性をもったタバコとトマトが日本たばこ産業によって、キュウリモザイクウイルスい抵抗性をもったトマトが農水省（野菜・茶業試験場）によって、また葉巻ウイルスに抵抗性をもったジャガイモが、北海道グリーンバイオ研によって、それぞれ開発され、実験されている。

次に多いのが、アンチセンス法である。低アレルゲン米開発、低アミロース米開発が三井東圧化学によって、低タンパク米が加工米育種研、日本たばこ産業によって開発されている。しかしこのアンチセンス法は、特許が問題になってきて、開発のスピードが落ちている。

今後、家畜や魚の組み換えが

バイオ魚というと、生殖操作でつくられたアユが有名である。その生殖操作では二つの方法がとられている。一つが三倍体作成で、もう一つが雌性発生である。三倍体とは、染色体が三組あって不妊の状態をいい、三倍体作成とは、人工的に不妊にすることをいう。雌性発生とはその名の通り、すべてを雌にしてしまうことである。

魚の場合、卵には二組の染色体（いずれもX染色体）があって、通常だと、精子（XかY染色体）が卵の中に入っていくと、そのうち一組が追い出されるように飛び出す。三倍体は、飛び出す寸前に冷やすか圧力を加え、その一組が飛び出さないようにすることで、つくられる。

また雌性発生は、あらかじめ紫外線かガンマー線で染色体を無効にした精子を使う。精子が卵の中に入っていくと一組の染色体が出ようとする。それを冷やすか圧力を加えて押し止めますと、最初のX染色体二つのままになり、雌ばかりがつくられる。

不妊にする目的は、一年魚が二年も三年も生き延びるだけでなく、生殖のために使われるエネルギーがなくなる分おいしさが増すからである。しかも産卵期になると卵にエネルギーを取られて抵抗力が弱くなるため、病気にもなりにくくなる。

雌性発生をなぜ行うかというと、雌のほうが価値の高い魚が多いからである。もっとも分かりやすいのは、例えばタラコ（スケトウダラ）やカズノコ（ニシン）のように卵を食べる魚ということになる。

最近では、その両者を組み合わせて、すべて雌ですべて三倍体の作成が行われている。バイオ魚の売り上げは、九〇年代中頃には二〇億円を突破している。人工的に操作された魚が広がっていくと、生態系に変化が起きることは必至である。

家畜の生命操作は、人工授精・体外受精技術を利用した生殖操作が多い。借腹・貸腹、精子銀行・胚銀行、受精卵凍結、受精卵移植、受精卵分割などが行われてきた。それらはすべて家畜に応用された後、人間にも用いられている。

最近増えてきたのがクローン技術による量産である。クローンとは、遺伝的にまったく同じ個体をつくることを意味する。最初のクローン動物は、受精卵が一回か二回、細胞分裂したときに、その分裂した細胞をバラバラにすることから始まった。二回分裂した四細胞期で行えば、すべて成功すれば四頭誕生させることができる。

次に登場したのが受精卵クローンで、受精卵が一六個から六四個まで細胞分裂したときに、その分割した細胞をすべてバラバラにし、それぞれの細胞を未受精卵の核を取り除いたものの中に入れて、代理母に出産させる方法である。これを用いると、うまくいくと一度に遺伝的にまったく同じ優良家畜を数十頭誕生させることができる。一九八七年に、カナダで初めての受精卵クローンによる一卵性八つ子が誕生している。

一九九六年七月五日午後五時、イギリス・エジンバラ近郊にあるロスリン研究所のイアン・ウィルムットとキース・キャンベルの手によって、体重六〇六キロのクローン羊が誕生した。体細胞を用いた初めてのクローン動物の誕生である。体細胞クローンは、体細胞を未受精卵の核を取り除いたものの中に入れて出産させる方法である。その後、続々と体細胞クローン動物が誕生している。体細胞を用いれば、それまでの生殖細胞を用いたものとは異なり、無限に近い形で良質の家畜を生産させることができる。

経済性を優先させた結果、生命操作は新しい技術を次々に生み出している。

第六章　知的所有権紛争

イネゲノム解読

農水省が、バイオテクノロジー技術開発計画を発表したのは、一九八四年四月十二日のことだった。この計画は三つの柱から成り立っていた。

一つは農水省内にバイオテクノロジー室（後のバイオテクノロジー課）を設け、農業バイオの振興をはかっていくことであった。第二は、民間能力の活用をはかっていくことであり、八四年一二月二七日には政府によってバイオ民活センターが設置された。第三は、遺伝子銀行（ジーンバンク）をつくり民間に提供していくことであり、農水省内に農林水産生物資源管理運営会議を設置し、筑波研究学園都市の生物資源研究所の中に農業生物遺伝資源センターバンクをおくことを打ち出した。

この計画を受け、法律や指針などの整備も進められた。最初に行われたのが、主要農作物種子法の改正だった。この法改正は、主要農作物であるイネ、ムギ、ダイズの種子の開発・販売について、そこから締め出されていた民間企業の参入を可能にするために行われた。バイオ米を民間企業が開発できるようにするためには、欠くことのできないものだった。一九八六年六月に、改正主要農作物種子法が成立している。

九一年六月には、主要農作物種子制度の運用についての通達が出され、試験販売もできるようになった。こうしてこれまで締め出されていた民間企業の育種・販売が認められるようになった。

この法改正と並行して行われたのが、農業バイオテクノロジーを推進していくための遺伝子組み換え利用指針づくりであった。その時点まで遺伝子組み換え技術の規制については、文部省と科学技術庁の実験指針しかなかった。これらはすでに述べたように、実験段階での規制であって、実用段階に達したものを対象にした利用指針はなかった。農水省が「農林水産分野における指針」を告示したのは八六年十二月十八日のことだった。この利用指針がつくられたことで、野外での実験ができるようになり、作物の開発が始まった。

農水省はまた、一九九〇年秋に農林水産先端技術産業振興センター（ＳＴＡＦＦ）を設置した。農水省はそれまで、他の官庁と異なり民間企業とのつながりが薄い官庁だった。バイオテクノロジーを通して初めて本格的なつながりができ、そのパイプの役割をはたすものとしてこのＳＴＡ

FFがつくられた。

農水省がイネの全遺伝子の解読を目指す「イネゲノム・プロジェクト」をスタートさせたのは、一九九一年度のことだった。STAFFがこのイネゲノム・プロジェクトの中核となって研究を行うことになった。

農水省は、このSTAFFをつくるのと並行して「競馬に関する研究会」（畜産局長の私的諮問機関）を組織した。その主な目的は、中央競馬のテラ銭の使途を拡大することにあった。

中央競馬会のテラ銭は売り上げの二五パーセントで、そのうち一〇パーセントが国に、一五パーセントが中央競馬会のものになる。国に行く分の使途は中央競馬会法によって「畜産振興と福祉」に限定されてきた。競馬に関する研究会は、STAFFなどの試験研究費に、この中央競馬会のテラ銭を当てられないか検討を加え、そして九一年五月十日、一枠一頭制導入を柱とした競馬法および中央競馬会法を改正した際に、この使途拡大を可能にした。イネゲノム・プロジェクトはこうして主にギャンブルのあがりを使って行われることになった。

遺伝子組み換え技術は、導入する遺伝子によって新しい性格を与えることができる。その中で最も注目されているのが光合成に関わる遺伝子である。そのほかにも耐塩性・耐冷性などの遺伝子が導入できれば、作物ができる地域が拡大し、量産も可能になると考えられている。そのためには、その遺伝子自体が解明されなければならない。そこで進められているのがこのイネゲノム・プロジェクトである。

遺伝子資源とジーンバンク

今後のバイオテクノロジーを用いた新しい作物の開発になくてはならないのが、遺伝子資源の収集である。さまざまな生物種を集め、保存し、その遺伝子を利用していくことが、新品種開発の決め手になる。

日本において遺伝子資源を収集する遺伝子銀行（ジーンバンク）構想が具体的に登場したのは、八三年四月二十六日のことだった。その日、当時の安田科学技術庁長官が資源調査会に対して、遺伝子資源の確保について諮問した。この諮問に対する答申が出されたのが翌八四年六月二十六日。

答申の内容は、①収集・保存すべき生物の選定基準、②保存技術の開発、③情報の提供の方法、の三つからなり立っていた。最初の収集・保存すべき生物の選定基準としては、利用価値が高いもの、過去においてよく利用されたもの、将来利用される可能性の高いもの、近々滅亡の恐れのあるもの、収集が困難になりつつあるものなどが取り上げられ、植物においては多収性、高生長性、耐病性のものが求められた。

保存技術としては、最適な保存形態の解明とともに、ＤＮＡレベルでの保存技術の開発が求められた。最後の、情報の提供の問題では、情報ネットワークづくりと知的所有権の調整が重要課題とされた。

この諮問に対する答申が出る前に各省庁が動き出した。通産省、文部省、厚生省、科学技術庁、農水省が相次いでそれぞれのジーンバンク構想を打ち出した。農水省の考え方は、日本で保存している種子の数は約一〇万点で、アメリカやソ連（当時）が三〇万点を超えているのに比べて圧倒的に不足している、バイオテクノロジーの時代にこのままでは取り残されてしまう、遺伝子資源の収集を行い、ジーンバンクを充実する必要がある、というものだった。

遺伝子銀行=ジーンバンク（農水省生物資源研にて）

農林水産ジーンバンクは、六つのセンターバンクから構成されている。植物、微生物、動物、水産生物、林木の各バンクに、九三年にDNAバンクが新たに加わった。とくにイネの収集に熱心である。

収集する生物は、遺伝子中心に近いものである。遺伝子中心とは、もともとその生物があった地域を指す。イネがもともとあった遺伝子中心は、中国南部、ラオス、タイの北部、インドのアッサム地方あたりで、この地域のイネを多数収集する。遺伝子中心にあるイネは酵素の種類が多様である。品種改良の結果、人間にとって有用な形質しか残さず、その他のものは次々と落とされてきた。酵素の種類が偏ったものになってしまった。

多様性がなぜ重要かというと、例えば新しい病気が発生したときに、日本のイネにそれに対する抵抗性がないとき、その遺伝子中心のイネにはある場合が多いからである。

現在、農林水産ジーンバンクに保存されているイネの数は、二万弱である。国際イネ研究所と材料交換することもある。また、ジーンバンク事業で毎年四隊が海外にでかけるが、イネも二～三年に一度はその遺伝子中心に探索にでかける。種子での保存は一〇〇年から二〇〇年にわたって可能だというから、集めれば集めるほど基礎研究の材料も増えていくことになる。

保存の形態は主に、植物の場合種子で、動物の場合は精子で、微生物の場合はそのものを凍結して行われ、ＤＮＡレベルの場合は、ＤＮＡそのものか、微生物の中に組み込んで保存する。保存は一〇〇年から二〇〇年にわたって可能だということで、集めれば集めるほど基礎研究の材料も増えていくことになる。

ほとんどの生物の遺伝子中心が、第三世界の、それも熱帯雨林をもつ国々に多く存在している。先進国の遺伝子資源あさりは、第三世界の資源保有国との間に強いあつれきをもたらした。資源保有国にしてみれば、遺伝子資源を奪われた上に、それを用いて開発されたバイオテクノロジーの成果を買わされるという、二重に収奪されることになる。このあつれきがクローズアップされたのが、九二年六月にブラジルで開催された国連環境開発会議でのことだった。この会議での最大の焦点の一つとなった、生物多様性条約の締結をめぐって、遺伝子資源の権利を掲げる第三世界と、知的所有権を守ろうとする先進国の間で激しい対立が生じた。

最終的には条約の中に「遺伝子資源を提供した国に対し、その資源を使用した生物工学から得られた利益を還元する」という第三世界よりの内容が入れられたが、しかしあいまいさを残したまま、条約は締結された。この生物多様性条約が発効したのが九三年十二月のことだった。

アメリカは最初から、第三世界寄りであるとして条約に加わらない方針を打ち出した。そのため、主にアメリカ対第三世界という形で、この条約をめぐる駆け引きがつづいてきた。それが全面的に衝突したのが、九九年二月二二日〜二三日にコロンビアで開催された、生物多様性条約締約国会議での「バイオセーフティ議定書」の採択をめぐってのことだった。遺伝子組み換え生物の輸出入が、人間や自然に悪い影響を及ぼすことから、それを防ぐためにつくられた議定書である。

この会議には、アメリカは未批准国であるにもかかわらず、主催国以外では最大規模の二三人の人員を送り込み、合意案づくりに介入した。そのため、遺伝子組み換え生物の輸出での相手国同意を必要とするという、事前同意性に関しては合意されたものの、規制に作物を含めるか種苗までか、未批准国の扱いをどうするか、ＷＴＯとの関係でどちらを優先するか、といった課題に関しては対立がつづき、ついに合意案はまとまらなかった。

特許紛争

生物多様性条約づくりで最大の論争点になったのが、知的所有権問題だった。その知的所有権とは何か、次にそれを見ていくことにしよう。

一九八〇年代にはいると、急速に知的所有権にからまる国際的なトラブルが増大を始めた。その背景には、アメリカ政府・産業界による知的所有戦略があった。なぜアメリカが知的所有権にこだわるようになったかというと、そこには大きく分けて二つの理由があった。

その一つがアメリカ産業界の競争力の喪失だった。七〇年代を通してアメリカの産業界は、日本、ＥＣの激しい追い上げにあって、国際競争力を低下させ続けた。八〇年、アメリカの財政収支は七三八億ドルの赤字となり、貿易収支も二四二億ドルの赤字となっていた。いわゆる双子の赤字である。競争力を維持している分野はわずかに農業だけで、とくに製造関係は惨澹たる状態に陥っていた。

一九八〇年に半導体の輸出入で日米関係が逆転した。ハイテク分野における競争力喪失は大きな痛手だった。それを克服するために打ち出されたのが、アメリカが従来から最も強い分野である基礎研究分野での基本特許などの知的所有権を、戦略に掲げ、巻き返しをはかることであった。

そしてもう一つが、SDI（戦略防衛構想）、いわゆるスターウォーズ計画を通しての、知的生産での主導権確立と新技術の囲い込みだった。SDIは、一つの側面として対ソ連（当時）に対する新しい軍事戦略として、攻撃・防衛体制を宇宙空間にまで広げる、壮大だがしかし非現実的な構想であった。そして、もう一つの側面としてハイテク分野でのアメリカの主導権確立という目的があった。

この知的所有権戦略の本格化に伴ってさまざまなトラブルが発生した。日米間では相次ぐ産業スパイ事件や特許紛争という形で噴出した。一九八二年六月、アメリカFBIは、日立製作所と三菱電機の社員一八人を情報不正取得容疑で逮捕した。これが「IBM産業スパイ事件」と呼ばれたものだった。日本の企業が、IBM社の情報をいちはやく取得するために行っていたスパイ行為が、槍玉に上がったのである。

この事件の直後の八二年十月に同じIBM社によって、次は富士通が槍玉に上がった。今度はソフトウェア著作権を侵害したとして抗議を受けたのである。このときのトラブルは両者によって協定が結ばれ、いったんは収まった。しかし八五年七月、IBM社は、富士通側がその協定を破ったとして、米国仲裁協会に提訴し紛争が再発したのである。このトラブルは結局、富士通側が和解金を積むという形で、八八年十一月に決着がついた。

半導体ではTI（テキサス・インスツルメント）社が八六年二月に、日本の企業八社、日本電気、東芝、日立製作所、富士通、松下電器産業、三菱電器、シャープ、沖電気と韓国の企業一社、三星半導体を特許侵害でＩＴＣ（国際貿易委員会）に提訴した。この提訴によってＴＩ社は、八七年一年だけで実に一億九一〇〇万ドルの和解金を手にすることができたのである。

光ファイバーについては、一九八四年にコーニング社が住友電工を、特許侵害でＩＴＣに提訴した。

ＴＩ社もコーニング社もＩＴＣに提訴しているが、知的所有権紛争でＩＴＣは大変強い権限をもっている。アメリカの企業は関税法三三七条に基づいて特許を侵害されていると判断するとＩＴＣに提訴することができる。もしＩＴＣがクロだと判断すると、対象となった製品は通関禁止となり、アメリカへ輸出ができなくなる。

カメラでも八六年にハネウェル社が、ミノルタを相手どってニューヨーク連邦地方裁判所に、自動焦点（オートフォーカス）技術について特許侵害だとして提訴した。この特許紛争は、九二年に、ミノルタ側が一億二七五〇万ドルを支払うことで和解した。その和解の日にハネウェル社は、同じ問題でキヤノンやニコンなどの日本のカメラメーカーを提訴した。

生物特許

レーガン大統領は、八七年冒頭の一般教書で知的所有権戦略のいっそうの強化を打ち出し、具体的な対策を立てていくことが確認された。それを受けた形で登場したのが八八年八月に発行した包括貿易法であった。この法律に基づいて国内法が改正された。その一つが通商法三〇一条、いわゆるスペシャル三〇一条といわれるものであった。このスペシャル三〇一条は、知的所有権の不備な国を特定し制裁を可能にしたもので、この条項に基づいて調査と制裁を決めるのが、米国通商部である。

包括貿易法に基づいて改正されたもう一つの国内法が、関税法三三七条である。同条項に基づいてＩＴＣにその対象製品の通関禁止を求めることができる、ということはすでに述べた通りであるが、その提訴をやりやすくしたのである。それまでは訴える際に、営業上被害を受けていることを立証しなければならなかったが、それが不必要にした。また輸入仮差止めが行われるまで半年以上かかっていたが、それを原則九〇日に短縮した。

以上のようにアメリカは、知的所有権戦略に基づき、各国にプレッシャーをかけると同時に、国内法の強化を進めたのである。そしてその戦略は、最終的にはＧＡＴＴに持ち込まれることになった。

これまで知的所有権に関して国際的に調整を行ってきたのは、国連のＷＩＰＯ（世界知的所有権機関）と、そのＷＩＰＯを支えるＡＩＰＰＩ（国際工業所有権保護協会）であった。

知的所有権は本来各国内でのみ効力をもつという建て前をとってきた。これを属地主義という。しかし、それでは不都合が多くなるということで二カ国間か幾つかの国で条約を結び、国際的な保護がはかられてきた。その代表的な条約が著作権に関するベルヌ条約（九二年一月現在、九〇カ国）と、工業所有権に関するパリ条約（九二年一月現在、一〇三カ国）で、WIPOはこの両条約の管理を主要な役割にしている機関である。

これまで地味でクローズアップされることがなかったこれらの機関が急に注目を集めることになったが、それよりもさらに重要な役割を果たすようになったのが、本来知的所有権とは縁が薄かったGATT（関税貿易一般協定）であった。

GATTは、国際間の貿易の自由化と、拡大をはかる機関である。ここにアメリカが知的所有権戦略を持ち込んだのである。各国の知的所有権に関する考え方、法的対応がバラバラであるため、貿易の拡大がはかれない、というのがその主たる言い分であった。こうしてGATT新ラウンド（ウルグアイ・ラウンド）の最大のテーマのひとつとして、農業問題と並んで知的所有権問題が議論され、その後、WTOに引き継がれている。

アメリカはまた、GATTウルグアイ・ラウンドにトレード・シークレット（営業秘密）のような、従来、知的所有権とは考えられなかったものまで議論の中に持ち込んだ。トレード・シークレットとは、コカコーラの原液の秘密に代表される企業秘密・営業秘密で、研究データ、設計図、顧客名簿、販売マニュアルなどが当たる。特許が権利の保護と引き替えに公開するのに対して、トレード・シークレットは非公開の保護を前提にしており、従来の知的所有権の考え方とは相入れないものだった。それまでも戦略に導入したのである。

このようなアメリカの戦略に対抗して、各国とも国内法の整備を急がざるを得なかった。日本もまた例外ではなかった。

このアメリカの知的所有権戦略に、もうひとつ重要な特徴がある。それが知的所有権の拡大解釈である。その拡大解釈の典型ともいえるのが「生物特許」である。

生物は他の工業製品などと異なり、自然にあるものであり、特許制度になじまないというのが従来の考え方だった。そのため作物や花などでの新品種の開発も、特許ではなく、特許よりもはるかに制約の多い植物新品種保護制度で、開発者の権利が保護されてきた。この新品種保護制度の特徴のひとつに、特許との二重保護の禁止があった。アメリカはその考え方を独自に廃棄してしまった。

きっかけになったのが、チャクバーティー裁判で、一九七二年アメリカGE社は、石油汚染除去のために改造したバクテリアを特許申請した。それがシュードモナス属の細菌を改造したチャクバーティーだった。特許庁は生物に特許を認めないという理由でこれを拒否した。GE社はそれに納得せず、裁判に持ち込んだ。その結果、一九八〇年六月に連邦最高裁判所は、このチャクバーティーを特許として認めるという判決を下した。

このチャクバーティーは微生物であり、UPOVとは関係がなかったが、これがきっかけになって、生物も特許になるという考え方が定着した。一九八五年九月に特許庁は、植物体や組織培養物も特許で保護できるという判断を下した。さらに八八年四月に特許庁は、動物も特許として認めた。遺伝子改造マウスが特許として認められたのである。そして、次には遺伝子そのものまでも、特許として権利を保護できるか否かという問題が出てきたのである。もし特許として権利が認められれば、莫大な利益が上げられるという思惑が先行して、ゲノム（全遺伝子）解読が権利獲得合戦の様相を呈し始めたのである。

UPOVと種苗法

この知的所有権戦略が、ＵＰＯＶ（植物の新品種保護に関する国際条約）と種苗法にも大きな変化をもたらした。

植物の特許に当たる、新品種保護制度は、国際的には一九六一年に締結されたＵＰＯＶによって本格的なスタートを切った。最初、この条約は、西ドイツ（当時）、オランダ、イギリス、デンマークの四カ国からスタートした。条約締結は国際間の約束事を取り決めたものだが、同時に各国に国内法の制定を求めていた。こうして国内法制定を前提にＵＰＯＶの加盟国は増えていき、一九九〇年現在、一九カ国となった。

日本が国内法である種苗法を制定したのは一九七八年で、それまでの農産種苗法を改正したものだった。そしてＵＰＯＶに加盟したのは八二年と大変遅かった。

ＵＰＯＶや種苗法による新品種保護の考え方は、開発者の権利を守るという前提から、企業の権利を保護する立場を前面に立てている。とはいっても、いくつかの前提条件があった。それは次のようなものだった。

1、品種の育成方法は問わない。
2、品種の優劣は問わない。
3、品種の登録の効力は、農家の自家採種にまでは及ばない。

その前提条件に加えて、次の二つの制限が加えられていた。

1、権利を保護する対象の品種は、農作物の四三〇種類に限る。
2、登録者の権利は、種子や苗木の販売に限る。

一九九一年三月にＵＰＯＶが改正された。それとともに、その国内法である種苗法改正の作業が進行し始めた。この法改正の最大の狙いは、さらに企業の権利を強化し、バイオテクノロジーで開発された植物を保護しようというものである。ＵＰＯＶ改正の内容は次の通りである。

1、適用範囲を農作物だけに限定せず全植物にまで広げる。
2、適用範囲を種苗の販売だけでなく、収穫物や販売物にまで広げる。
3、自家採種は認めない。

4、登録をバイオテクノロジーに絡んで細胞一個にまで広げる。
5、イミテーションを排除するため、植物品種権を強化するとともに、仮保護制度を導入してスピードアップをはかる。
6、保護期間を基本的に一五年から二〇年に延長する。
7、植物新品種保護制度と特許制度の二重保護を認める。

改正条約が批准され、国内法である種苗法がそれに見合った形で改正されると、全植物種という広い範囲で企業の権利が保護されると同時に、その権利の範囲は収穫物にまで達することになる。ジュースのような収穫物の直接の加工品にまで及ぶことも考えられる。農家の権利は著しく制約され、企業の支配下に入ることになる。九八年五月、この種苗法改正案が成立した。全会一致ということで、反対した政党はなかった。

こうして企業の中でもバイオテクノロジーで先行しているところが有利になり、ますます激しい競争が起き、作物の人工化にいっそう拍車がかかることになる。

この種苗法改正に加えて、主要農作物種子法の改正、主要農作物種子制度の運用についての通達などの一連の法改正等は、九二年六月に農水省が発表した、市場原理導入と企業化推進を柱とした「新農業政策」に裏づけを与えている。日本だけでなく、世界的に同様の傾向が進んでいる。企業支配、技術支配の強まりである。

世界の企業がバイオテクノロジーを中心に新品種開発競争を展開し、実際にものをつくっている人達の権利はますます縮小していくという事態が訪れている。企業支配が第三世界の飢餓・砂漠化の最大の原因となってきた。このまま放置しておいては、地球規模での環境悪化は、拍車がかかることになる。

第七章　遺伝子組み換え食品の波紋

はっきりしてきた環境への悪影響

遺伝子組み換え作物の作付け面積が拡大するにつれて、環境への影響と、食品の安全性で論争が広がった。遺伝子組み換え作物は、生命の本質である遺伝子を、経済効率にあわせて改造したものである。経済性を追い求めると、環境や人間への安全性はおろそかになる。それが顕在化し始めたのだ。

とくに環境への影響が、顕著になった。ひとつは、導入した遺伝子が他の植物に移行していく危険性が、デンマークの国立リソ研究所のリッケ・バッゲル・ヨーゲルセンらの研究で、裏づけられた。除草剤耐性のナタネを栽培したところ、周辺の雑草に遺伝子が移っていた。この遺伝子の移行は、除草剤が効かない雑草、スーパー雑草の増加をもたらし、生態系にダメージをもたらすことになる。

シカゴ大学のジョイ・バーゲンソンらの報告では、自家受粉植物のシロイヌナズナを用いた実験で、通常の突然変異株では他家受粉の割合が〇・三％であるのに対して、遺伝子組み換え株では五・九八％になった。環境中に遺伝子が広がる可能性が高くなることを示している。

殺虫性の作物が標的害虫以外の益虫に、悪い影響をもたらしたり、鳥や土壌微生物への影響も出始めた。さらに害虫に耐性をもたらすことが、はっきりしてきた。実際に遺伝子組み換え作物を栽培したところ、地中の微生物やミミズが減少した、というケースが報告されている。オレゴン州立大学のインガムらの研究である。

フランス比較無脊椎神経生物研究所のデレグラらの研究で、殺虫性のナタネを与えたところ、ミツバチの寿命が短くなり、学習障害が見られたという。イギリスのスコットランド農作物研究所のバーグらは、殺虫性ジャガイモについていたアブラムシを食べたテントウムシの寿命が短くなったと報告している。スイスのヒルベック博士らの報告で、殺虫性のトウモロコシを食べたアワノメイガの幼虫をクサカゲロウの幼虫に食べさせたところ、その死亡率が二倍近くに達した。

コーネル大学のジョン・ロージー博士らが行った実験では、トウワタ属の植物の葉に殺虫性のトウモロコシの花粉を振りかけ、オオカバマダラというチョウの幼虫に食べさせたところ、大量死が確認された。そのトウワタの葉を食べたチョウの幼虫は、徐々に摂取量が減少して、やがて成長が止まり、四日後には四四％が死亡した。

除草剤ラウンドアップを投与すると、自然界にある環境ホルモン物質である、植物エストロゲンが増加することがドイツのサンダーマン等によって報告された。除草剤ラウンドアップを撒いて行った実験資料によると、獲れた一〇グラムの豆に対して、五〇マイクログラムのエストロゲンが増加していることが分かった。除草剤耐性大豆を食べたときに、植物エストロゲンが多量に、私たちの体に入り、ホルモンを攪乱して悪い影響をもたらす可能性が出てきたのである。

このように、相次いで、環境への悪影響が明らかになった。九九年二月一八日には、アメリカの消費者団体・生産者団体など約七〇団体が、殺虫性作物の作付けを環境保護庁が認めたことは連邦法に違反するという訴えを、連邦地裁に起こした。

食品の安全性にも疑問

遺伝子組み換え作物は、食品としての安全性も確認されていない。そのため、これから人間が食べつづけることで安全か否かが分かる、人体実験の段階に移行したといえる。安全性が確認されない状態で流通し始めたことに対する批判が、世界中で火を吹いた。先進国を中心に多数の国で、遺伝子組み換え食品に反対する消費者運動が始まった。

消費者はとくに、遺伝子組み換え食品に表示がないため、いつ食べたか分からない状態で口にすることを批判した。表示がないことが、消費者の知る権利、選ぶ権利を奪うとして、世界規模で運動は広がった。その結果、とくに成果が上がったのが、ヨーロッパだった。ヨーロッパ議会が表示を求める決議を行い、ヨーロッパ連合が表示を義務づけることを決定し、一九九九年から表示が行われるようになった。

国際組織であるコーデックス委員会でも、表示に関する議論が始まった。日本でも東京都議会・千葉県議会のように表示を求める決議を上げる自治体が増えつづけ、一〇〇〇自治体を超えた。それらの動きによって、それまでまったく動こうとしなかった農水省や国会の中に表示に関する検討委員会がつくられ、農水省によって表示案が作られ、二〇〇一年四月から施行されることになった。厚生省も表示の法制化を検討し始めた。

このように、世界的に表示を求める運動が広がる一方で、食品としての安全性にも疑問が生じてきた。九八年八月に、遺伝子組み換え食品の安全性の実験で新しい知見が、イギリスのテレビで発表され、波紋をなげかけた。発表したのは、スコットランド東部、アバディーンにあるローウェット研究所のアーパッド・プッシュタイ博士。同博士が中心になって行った遺伝子組み換え食品の安全性を見る実験で、ラットに遺伝子組み換え作物を食べさせつづけたところ、免疫力の低下や発育不全などが起きたというもの。

プッシュタイ博士らが行った動物実験の目的は、組み換え作物を投与した時に、内臓や新陳代謝に影響が出ないかを調べるものだった。主要実験は、一〇日間の短期のものと、一一〇日間の長期のものの二つの種類が行われた。一一〇日という期間は、人間でいうと一〇年分に及ぶ長期間である。実験は、人間には害がないとされている、マツユキソウ由来のレクチン遺伝子を組み換えたジャガイモで行われた。

ラットは四つの集団に分けられた。二つの集団には、遺伝子組み換えジャガイモを食べさせた。すなわちマツユキソウ由来のレクチン遺伝子を導入したジャガイモを食べさせた。第三の集団には、ジャガイモにマツユキソウ由来のレクチンを注射針で注入して食べさせた。四つ目の集団は、対照群として、普通のジャガイモを食べさせた。その四つの集団をさらに、短期と長期の両方で実験した。

しかもジャガイモ自体、生のものと加熱処理したものを与えている。対照群として設定した普通のジャガイモを食べさせた集団と、ジャガイモにレクチンを注射針で注入した集団では、長期でも、短期でも、調理の仕方にかかわりなく、ラットに影響が出なかった。ところが、遺伝子組み換えジャガイモを食べさせたラットでは、免疫機能への悪影響や、内臓での成長抑制が見いだされたのである。研究結果は『ランセット』誌一九九九年一〇月一六日号に掲載されている。

レクチンには問題がなかった。遺伝子組み換え技術そのものに問題があることが明らかになった。

原因として疑われているのが、プロモーターと、遺伝子の入った位置だった。プロモーターにはカリフラワー・モザイク・ウイルスの遺伝子が用いられている。この遺伝子が、入った位置によってはレクチン遺伝子以外の遺伝子を活性化させた可能性が高い、と考えられている。もしプロモーターに問題があるとなると、いま開発・販売されているほとんどの遺伝子組み換え作物の安全性に疑問が生じることになる。プッシュタイ博士の実験結果は、遺伝子組み換え食品の安全性に根本的な疑問を投げかけるものだった。

第二次種子戦争の勃発

現在、遺伝子組み換え作物を支配している主な企業は四つ、モンサント社（米）、ヘキスト・シエーリング・アグレボ社（略称アグレボ社、独）、ゼネカ社（英）、デュポン社（米）で、いずれも巨大・多国籍化学メーカーである。なかでもモンサント社は、「モンスター」という異名をもち、独占的な地位を築いてきた。その戦略は、ベンチャー企業の買収による特許支配の拡大、種子会社買収による販路拡大に移行している。こうして、第二次種子戦争が勃発した。

モンサント社が、穀物メジャー・ナンバー1企業のカーギル社の海外種子事業を買収したのには、世界中が驚かされた。さらにモンサント社は、アメリカ大手ワタ種子企業のデルタ＆パイン・ランド（ＤＰＬ）社を買収、同社と共同で、アメリカ国内はもとより、メキシコやオーストラリアでワタの種子を販売している。その戦略を拡大して、アルゼンチンのシアグロ社と合弁企業を設立、アルゼンチンでワタの栽培を展開していくことになった。また、中国河北省種子公司と合弁企業を発足させ、世界第二位の生産国での栽培にも乗り出している。その他にも、トウモロコシの種子企業であるデカルプ・ジェネティック社を買収した。

またモンサント社単独でも、ブラジルの大手トウモロコシ種子企業のセメンテス・アグロセレス社を買収、すでに買収したダイズ種子企業のモンソイ社と合わせて、ブラジル市場への進出を果たしている。このブラジルはアメリカに次ぐトウモロコシ生産国である。さらには、ユニリバー社のイギリスの種子企業を買収し、コムギ販売体制も強化した。

アグレボ社も、オーストラリアのワタ種子企業のコットン・シード・インターナショナル社と合弁企業を設立したり、ブラジルの種子企業グランジャ・4・イルマオス社のイネ部門を買収したり、世界第四位の野菜種子企業の米サンシード社を買収するなど、種子販売に力を入れ始めている。

ゼネカ社も、アメリカの穀物の種子会社のエドワード・ジェネティックス社の株を取得して、穀物販売への積極的な参入を図りつつある。デュポン社は、世界最大の種子企業パイオニア・ハイブレッド・インターナショナル社と提携して、モンサントに対抗して活動範囲を拡大している。同社はとくに、種子から加工まで、すべてそろえた総合戦略として遺伝子組み換え作物開発を進めている点に特徴がある。

この四社を追いかけているのが、ダウ・ケミカル社（米）、ノバルティス社（スイス）、ローヌ・プーラン社（仏）である。ダウ・ケミカル社は、ローヌ・プーラン社と全面的な提携をはかり、先行する四社を追いかけている。ダウ・ケミカル社は殺虫性作物を開発しており、ローヌ・プーラン社は除草剤耐性作物を開発しており、両者を合わせることで、対抗できる力をもった。その後、ヘキスト社とローヌ・プーラン社が合併して、アベンティス社となった。モンサントに対抗した、米独仏の大連合ができたことになる。

ノバルティス社は、これまでトウモロコシ中心に取り組んできた。そのため高付加価値トウモロコシの食品・飼料への応用を進めるためにアメリカの食品メーカーのランド・オークス社と合弁企業を設立した。第二次種子戦争は、第一次戦争の時点よりも限られた企業による買収工作の展開であった。こうして化学企業による食糧支配がいっそう進行したのである。

いまモンサント社などの多国籍企業の権利強化は、国際的ハーモナイゼーションという名の下で進められている。その国際的ハーモナイゼーションは、一九九五年にＷＴＯ（世界貿易機関）体制が確立してからは、強制力を持ったものに変わった。しかも、自由競争・自由貿易を柱にさまざまな協定が締結されたため、強者がより強くなる仕組みになったのである。ＷＴＯ体制で、最も利益を得ているのが、強大国や巨大多国籍企業である。

いま、遺伝子組み換え食品をめぐって最大のテーマになっている表示問題にとり組んでいるのが、コーデックス委員会である。同委員会は、国連食糧農業機関（ＦＡＯ）と世界保健機関（Ｗ

HO）が合同で組織する食品規格委員会で、ここで国際食品規格が決められる。従来、その規格を採択するか否かは各国の自由裁量に任されていたため、採択率が低かったが、WTOが設立され、その協定に基づいて「衛生植物検疫措置の適用に関する協定」が成立し、国際規格に原則従うことが義務づけられるようになった。強制力を持つようになったのである。その強制力は、内政干渉を可能にしたばかりでなく、生協や自治体のような組織にまで強制力を持っている。

アメリカのような強大国、モンサント社のような巨大多国籍企業の論理がまかり通り、しかも強制力を持っている。消費者もまた、それに対抗して国際的に団結しなければ勝てない時代になったといえる。

ターミネーター技術が登場

モンスター・モンサントが絡んだ技術が、いま世界中で激しい批判にさらされている。それが「ターミネーター技術」と呼ばれるものである。ターミネーターとは、直接には、映画の題名にもなったが、「終結させるもの」という意味である。バイオテクノロジーの分野では、遺伝子の読み終りをもたらす塩基配列を意味する。この場合、両者をひっかけて、市民団体によって命名された。種子が大地にばらまかれ、発芽を始めると自殺する、自殺種子のことである。

そのような種子が、世界最大の綿の種子企業、アメリカのデルタ＆パインランド社と米農務省と共同で開発された。モンサント社は、九八年五月一一日、そのデルタ&パインランド社の買収を発表した。これによって事実上、この技術はモンサント社のものになったのである。

この自殺種子は、巧妙な遺伝子組み換え技術を用いて、まずワタで開発された。この技術の特徴は、種子を殺さず、種子が発芽する時点で自殺するように毒素を蓄積させたところにある。九八年三月三日に、アメリカで特許が認められた。

なぜ、このような自殺する種子が開発されたのか。最大の理由が、種子支配の強化である。遺伝子組み換え作物が開発され、付加価値が付いた種子が販売され始めた。企業としては、高額の開発費をかけて開発してきた、除草剤耐性、殺虫性、栄養改良などをもたらす遺伝子が拡散したり、盗まれたりすることを防ぐのが、悩みのたねだった。これまでは、その拡散・流用を防ぐために、栽培の管理を厳しくしてきた。

これから世界中に種子を販売していこうとする際に、管理の手が届かないところが増えてくる。この自殺種子の開発は、その管理を不要にする。すなわち、世界中に種子を販売する前提条件ができることになる。この自殺するターミネーター種子が広がれば広がるほど、企業の種子支配は強化され、農家はますます企業依存を強めることになる。

多くの問題点が指摘できる。第一に、花粉が飛散して、自殺毒素をつくる遺伝子が広がることによる生態系への影響である。もし他の植物と交雑を起こせば、自殺する植物が拡散する。植物が次々と自殺する風景は、想像を絶する。

第二に、その毒素が食品の中に入り込んでくることになる。それは人間にとって有害ではないのか、アレルギーは引き起こさないか、そういった問題が指摘できる。もちろん、動物や鳥、昆虫、微生物などに及ぼす影響も懸念される。

第三に、自殺した種子そのものが地中にとどまることになる。その代謝産物が地中のバクテリアや周辺の作物に影響を及ぼすことも考えられる。

第四に、大規模な飢餓が発生する危険性が高くなる。これまでのハイブリッド種子の場合、同じものはできないまでも、種子を撒いて作物を収穫することができた。このターミネーター技術の場合、種子を撒いても収穫ができなくなる。もし冷害などで農作物が大きなダメージを受けたとき、企業提供の特定の種子しかないため、作物がつくれなくなる可能性が出てくる。大規模な飢餓をもたらしかねない。そのような社会的リスクを増幅させる危険な種子である。遺伝子組み換え作物が、とんでもない技術をもたらした。

ゲノム戦争勃発

世界中を席巻して、熱いゲノム戦争が勃発した。ヒトゲノム、微生物のゲノム、植物のゲノム、家畜のゲノム、というようにあらゆる分野でゲノム解析の争いが巻き起こっている。その中で焦点になっているのが、ヒトゲノムとイネゲノムである。

戦争を仕掛けたのは、米セレーラ・ジェノミクス社である。元NIH（国立衛生研究所）でゲノム解析を行ってきた研究者と、DNA自動解析装置メーカーの最大手パーキン・エルマー社が組んで、九八年につくられたベンチャー企業である。パーキン・エルマー社が開発した最先端の機械を使って、次々とDNAの塩基配列を読み取っている。

ゲノム解析とは、全遺伝子の解読である。セレーラ・ジェノミクス社は、設立早々の九八年五月に、すべてのヒトゲノムの塩基配列の決定を三年以内に行うと宣言して、世界中を驚かせた。それだけではなかった。イネゲノムの塩基配列の決定もまた、九九年九月から始め、二年以内に完了させると宣言したのである。

有効な遺伝子が見つかると、イネや他の作物の品種改良に使える。それだけでなく、遺伝子の構造が似ていることから、他の作物のゲノム解析にも役立てることができる。トウモロコシ、コムギと次々にゲノムを解析していけば、世界の食糧生産を支配できる。

どこが世界の食糧を支配できるか、世界的にゲノム解析合戦が起きた理由である。より早い解析と、解析された遺伝子を特許として権利を確保する動きが活発化していることから、スピードは上がる一方だ。その中に、超スピードで解析を進める企業が出現したことに、世界中が驚いた。

遺伝子特許が注目を集めるきっかけは、一九九一年二月、米国大統領競争力委員会がまとめた『国家バイオテクノロジー政策報告書』であった。議長はダン・クエール副大統領（当時）だった。米国はこの中で、遺伝子特許戦略を打ち出した。まだその頃は、遺伝子を特許として認めるという考え方はなかった。完全な人工遺伝子に関しては特許が認められているが、自然のままにある遺伝子は特許にならない、というのが常識だった。それを覆したのである。この報告書がだされた直後に、米NIH（国立衛生研究所）が、ヒトのDNAを機能がはっきり分からない状態で特許申請して、世界的な論争を呼んだ。

その時は、特許申請が取り下げられたが、特許を制するものがすべてを制する、という流れが作られた。こうして、特許戦争が激化することになり、世界的なゲノム解析合戦が始まったのである。九八年、ついに米国のベンチャー企業、インサイト・ファーマシューティカルズ社が、EST（cDNA断片配列）特許を取得した。これが遺伝子特許問題に火を付け、特許戦争を引き起こしたのである。

通常、遺伝子は読み始めと読み終りがあり、その間の塩基配列に基づいてタンパク質が合成される。そのタンパク質が、体の構造になったり、代謝を担ったりして、生命活動が営まれる。その遺伝子の機能が解明されることで、はじめて特許として出願できる基礎ができる。

EST特許は、その条件を満たしていない。にもかかわらず特許が成立した背景には、アメリカの特許戦略が色濃くでている。遺伝子特許に関して、いまや世界の流れは、たとえESTであろうと、一定の条件さえ満たせば、特許として成立するようになった。これが、早く遺伝子特許を取ったところが勝ち、という雰囲気をつくり出し、ゲノム解析ベンチャーを次々と誕生させていった。そのベンチャー企業の代表格が、セレーラ・ジェノミクス社である。このまま行くと、一社によって二一世紀の中心産業が握られてしまう。危機感は広がった。

セレーラ・ジェノミクス社が取り入れた最先端の方法が、ホール・ゲノム・ショットガン法である。ゲノム全体を断片化して、片っ端から読み取っていき、コンピュータでつなげるという方法である。この全塩基配列が決定されてから、機能解析が始まることになる。全塩基配列の決定から、今度は、直接特許に結びつく機能解析での、つばぜりあいの競争が始まる。

それを見越して、米国内の企業は、全力を上げでゲノム解析に資金を投入している。米国では、国家戦略としていち早く取り組むと同時に、大学、民間企業の取り組みも活発だった。九八年九月二八日、アメリカ科学財団（NSF）は、植物ゲノム解析に五年間で総額八五〇〇万ドル投入することを発表した。米モンサント社は、米ベンチャー企業のミレニウム・ファーマシューティカルズ社との共同研究で、植物ゲノム解析に五年間に一億八〇〇〇万ドルを投入することを決めている。

米デュポン社は、世界最大の種子企業である米パイオニア・ハイブレッド・インターナショナル社と提携して、トウモロコシ・ゲノム解析を進めるなど、モンサント社に対抗して活動範囲を拡大している。米ダウ・ケミカル社は、米バイオソース・テクノロジー社と提携し、ベンチャー企業のアグリトレイツ社を設立し、ゲノム解析を進めている。スイスのノバルティス社は、ゲノム解析で遺伝子発現解析技術をもつ米アケイシア・バイオサイエンス社と提携することを決めた。しかも植物ゲノム解析に一〇年間で総額六億ドルを投じることを、九八年七月二一日に発表している。ゲノムを制するものが世界の食糧生産を支配できる、と踏んでの資金投入である。

日本政府の反撃

日本もまた、先行する米国に対抗する動きを見せている。米国の場合、民間企業が特許取得に目標をおいて取り組んできた。その結果、ベンチャー企業を中心にした、激しい競争がゲノム解析のスピードをアップさせてきた。それに対して、日本は国家主導である。

一九九九年一月二九日、農水省、通産省、文部省、厚生省、科学技術庁の五省庁は、共同で「バイオテクノロジー産業の創造に向けた基本方針」を発表した。八年遅れでつくられた、日本版「国家バイオテクノロジー戦略」である。中身を見ると、バイオテクノロジーに重点的に投資と制度改革を行き、二〇一〇年までに市場規模を二五兆円、新規創業数を一〇〇〇社まで拡大させる目標を掲げている。

六月八日には、日本バイオ産業人会議が設立されている。代表世話人には、バイオインダストリー協会理事長で、味の素相談役の歌田勝弘が就いている。世話人には、富士通、日立製作所、アサヒビール、三菱化学など、バイオ関連企業の社長クラスが名を連ねている。設立の日には、このまま行くと、ゲノム戦争での日本の敗北が必至と見て「わが国バイオ産業の創造と国際競争力強化に向けて」と銘打った緊急提言を行っている。

七月一三日には、日本版「国家バイオテクノロジー戦略」の内容が示された。戦略のポイントは、なんといってもゲノム解析であり、そのための戦略である。

イネゲノムに関しては、1、約二万の部分長cDNA（完全なものではない）のゲノム上の位置決定を二〇〇三年までに、2、二万種のノックアウトイネの作成も二〇〇三年までに、3、その上で、二〇〇八年までに全塩基配列の決定、というものである。

ノックアウトイネとは、遺伝子の機能を見るため、特定の遺伝子の働きを止めたイネのことである。当初計画よりもスピードが早められた。

農水省が「イネゲノム・プロジェクト」を七カ年計画でスタートさせたのは、一九九一年度のことだった。九七年度には第一期が終了、九八年度から第二期がスタートした。今期は一〇カ年計画で、最後の年には全塩基配列を決定する予定だった。そこに突如訪れたセレーラ・ジェノミクス社の宣言や米ベンチャー企業の攻勢である。計画を前倒しせざるを得なくなったのである。

二〇〇〇年度の国家予算全体の中での、バイオ関連予算要求額は約三七五〇億円と、九九年度の二八六五億円に比べて、実に三一％の増額である。緊縮財政の中で異例の伸びを示している。中でも伸びたのがゲノム関連予算で、約三倍の七五一億円に達した。

なぜ、これだけの増額を要求したかというと、小渕内閣が設けた「経済新生特別枠」の中の非公共事業部門分である「ミレニアム（千年期）プロジェクト」を狙ったためである。この「ミレニアム・プロジェクト」は、バイオ、環境、情報を三大柱にしているが、なんといっても突出した取り組みを見せているのがバイオであり、バイオの中ではゲノム解析である。

農水省の二〇〇〇年度のバイオ関連予算の要求額は二三九億二四〇〇万円と、前年度の四七%増である。農水省全体の予算が二・九%増と微増であったのと比較して、突出した伸び率となった。農水省の方針がよく出ている。イネゲノム解析を中心にしたゲノム関連予算も、実に一五六%増の七六億五五〇〇万円に達している。

農水省が、イネゲノム解析プロジェクトの次のステップとして打ち出したのが、二一世紀グリーン・フロンティア計画である。このプロジェクトの柱は、イネゲノムでの全塩基配列決定後の次のステップである。その柱になっているのが、構造解析したイネのゲノムの発現や機能を確認していく作業である。

ゲノムウォーズで、出遅れた日本の反撃がやっと始まった。しかし、この戦争は、本来、食糧問題の主役であるはずの、農業生産者や消費者や市民のいないところで行われている空中戦である。遺伝子組み換え食品の二の舞いを演じる可能性も大きく、安全性や表示の問題で消費者からの反撃を受けた教訓が、まったく生かされていない。

おわりに　近未来社会のシナリオ

第二の緑の革命のその後

バイオテクノロジーを用いた生産方法が、食糧生産の中心に位置したとき、社会はどのように変わっていくのか。政治や経済、技術は……その将来の姿を描いてみよう。

近未来のシナリオは、現在の延長線上にしか訪れないが、そこで起きる自体を予測することは、大胆な推理を必要としている。とくに農業を取り巻く環境は絶え間なく変化しており、そのことによっては、予測と異なった道筋を辿っていく可能性も大きい。

しかもここでは、バイオテクノロジーが「順調」に主役となっていくと想定している。この技術の場合、食品の安全性などで大きく予測に変化が起きることが考えられる。不確定要素としておおきく立ちふさがる要因は、それ以外にも、環境問題、製造物責任問題、知的所有権紛争が考えられる。

なぜ未来社会を推理するかというと、そこから逆に今日の問題点を照射することが可能だからである。そのような思いをこめて、「バイオ社会・近未来のシナリオ」を提起していくことにしよう。

遺伝子組み換え食品が登場したことをもって、今日の状況を「第二の緑の革命」の時代と捉えてきた。この「第二の緑の革命」がさらに進めば、農作物の新品種開発・種苗生産は、そのほとんどをバイオテクノロジーが担うことになる。

当面はバイオテクノロジーの応用の範囲も限られたものとなるが、作物のゲノム解読が進むことで、応用の範囲も広がり、バイオ社会が本格化していくことになる。遺伝子組み換え技術も今日のレベルから一歩も二歩もレベルをアップさせ、さまざまな遺伝子が組み合わされた形でＦ１作物の開発が進んでいくことになる。世界中の耕地をバイオ作物がおおっていくことになる。

緑の革命が、単位面積当たりの収量を増やし、量産化を可能にしたように、第二の緑の革命もまた、収量を増やし量産化をもたらすことになる。

除草剤耐性、殺虫性、耐病性などを組み合わせた作物は、人手をほとんど必要としない食糧生産を可能にしていく。さらに、ゲノム解析（全遺伝子解読）により、耐塩性の遺伝子が取り出され、塩害地帯に植えられたり、耐冷性の遺伝子が取り出され、寒冷地帯に栽培ができる作物が増えたり、栄養改良など各種の付加価値がついた作物が開発される。しかもこれまで耕地として不適当と思われていたところへの栽培が進んでいくことになる。

しかし、緑の革命がもたらした事態と類似の状況が発生することになる。徹底したモノカルチャー化と自然条件を無視した密集した栽培が、土壌の荒廃を促進することになる。また、作物の人工化は、Ｆ1化以上に生物学的脆弱化を招くことになる。わずかな気候に出来不出来が左右されるような危険な状態が慢性化することになる。

その上、除草剤の効かない雑草が広がり、耐性をもった害虫も広がっていくことになる。その脆弱性をカヴァーするために、さらにバイオテクノロジーによる改良が図られるといったように、屋上屋を架すような技術主義が広がっていくことになる。

しかも、もともと脆弱な土壌のところに農地が拡大されることから、砂漠化の拡大も促進することになる。ある日突然、世界中をおおう大規模な飢饉が発生する危険性が強くなる。

日本農業崩壊の日

知的所有権の国際統一化と権利強化が図られ、バイオ作物による利益が、基礎技術の研究・開発者に集中するようになる。したがってバイオテクノロジーでの技術力をもつ多国籍企業や大企業に利益が集中し始める。そのほとんどが、それまで農薬をつくっていた化学企業である。

この企業の権利の範囲は、ＵＰＯＶ（植物の新品種保護に関する国際条約）の改正にともない、収穫物・販売物にまで及び、しかも自家採種が禁止されたことから、幅広くなる。

これらの企業は従来通り、実際に農作物をつくるところには手を出さず、新品種開発、種苗販売、流通を支配していくことになる。最もリスクの大きな実際につくるところは、相変わらず農家によって担われていくことになる。しかも知的所有権の強化によって農家の権利は著しく縮小されていくことになる。

この企業の権利強化、農家の権利縮小は、国際的には分業化の進行となって進むものと思われる。研究・開発の段階、応用の段階、実際に作物をつくる段階での、三つの分担化が進むものと思われる。

研究・開発の段階は、ゲノム解読などの基礎研究で成果を上げ、主要な知的所有権を押さえていくアメリカが主役となる。それにヨーロッパが続き、日本が遅れてついていく。応用によって新品種を開発していくのは、日米欧の先進国である。

実際に作物をつくる主体は、第三世界の低賃金国へ移行していくことになる。またアメリカ、カナダのように大規模化・高効率化を達成できた国との二極分解が起きることになる。このように第三世界を食糧生産の手足として位置づける考え方が進み、かなりの先進国で中小農家は全滅に近い状態になり、企業栄え、農家滅びるという状況が現出する。

しかし、このことがやがて第三世界の人達の生活破壊につながることになる。第三世界の大土地所有制と農作物の換金作物化は改善されるどころか、企業支配の強化にともなって、さらに拍車がかかることになる。しかも利益の大半を多国籍企業がおさえ、慢性的な低賃金状態が固定化するため、農業を離れ都市に出ていく人が後を絶たないことになる。スラムもまた、劇的に拡大していくことになる。

できた作物は輸出され、自国の人の口には入らず、債務が深刻な国では飢餓がさらに深刻化していくことが予想される。

日本で最も研究・開発が熱心に取り組まれているのが、イネである。遺伝子組み換えイネの開発が、三井化学、三菱化学、キリンビール、日本たばこ産業などの大企業によって行われ、それを農水省がバックアップしている。また農水省が主導してイネゲノムの解析も進んでいる。

これと並行して、イネなどの開発・試験販売に民間企業の参入を認める主要農作物種子法も改正された。農業の民間企業主導の体制が整いつつある。これからの農業のあり方は、作物をつくるのではなく、研究・新品種開発がカナメであり、技術立国日本の農業版が目標である。

イネの企業開発時代が到来することになる。企業には日本の農業を育てるなどという発想はない。つくり手も、日本の農家だけを対象に考えているわけでもない。将来的には人件費の安い第三世界につくり手を移行させたいと考えている。ジャポニカ米もインディカ米も関わりなく第三世界でつくられ、世界市場に売り込もうというのである。知的所有権で権利を押さえ、種苗販売でイネの世界市場制覇を目指している。

もし日本でイネをつくりたいと思ったら、農家は大企業が開発したバイオイネの苗を買わざるを得なくなってしまう。収穫・販売した際にも、その売り上げの一部は自動的に権利料として取られ、残った収益は微々たるものになり、ただでさえ困難な農業継続が、決定的なダメージを受けることになる。日本から米づくり農家は消え、生産は第三世界に移行する。

第三世界では日本企業が売り込むバイオイネがつくられ、日本などに輸出されることになる。このように国際分業化の流れは米にまで及ぶことになる。

第二の緑の革命の延長線上にあるものは、日本農業の崩壊の日であった。

あとがき

本書は、九六年六月に刊行された『遺伝子組み換え食品』を加筆訂正し、「第二部第七章・遺伝子組み換え食品の波紋」を増補したものである。

初版を刊行したとき、まだ遺伝子組み換え食品は日本に入っていなかった。反対運動も起きていなかった。日本に最初の作物が入ってきたのは、九六年末だった。消費者運動が広がり、マスコミも動き、状況はすっかり変わった。この食品に「ノー」という消費者・生産者の声が広がった。表示を行うことも決まった。しかし、開発メーカーは、次の遺伝子組み換え食品を準備している。研究・開発にも力を入れている。この本が、遺伝子組み換え食品をストップさせる上で、少しでも役に立つことを願っている。

なお、この本は、私もその一員であるＤＮＡ問題研究会の方々、安田節子さんをはじめとする日本消費者連盟の方々との共同の活動が基盤になっている。この増補改訂版の刊行に際して、以上の方々、緑風出版の高須次郎さんにまたお世話になってしまった。末尾になってしまったが、心からお礼申し上げます。

著者紹介
●天笠　啓祐（あまがさ　けいすけ）
1947年　東京都生まれ
1970年　早稲田大学理工学部卒
1972年　雑誌『技術と人間』編集を担当
1993年　㈱技術と人間を退社、現在フリー・ジャーナリスト

著書：『原発はなぜこわいか』（高文研）、『脳死は密室殺人である』（ネスコ）、『危険な暮らし』（晩聲社）、『電磁波はなぜ恐いか』『ハイテク食品は危ない』（緑風出版）、『くすりの常識・非常識』（日本評論社）、『優生操作の悪夢』（社会評論社）、『遺伝子組み換え動物』（現代書館）、『環境ホルモンの避け方』（コモンズ）ほか

増補改訂 遺伝子組み換え食品　定価2500円＋税

2000年1月31日　初版第1刷発行
著　者　天笠啓祐©
発行者　高須次郎
発行所　株式会社 緑風出版
〒113　東京都文京区本郷2-17-5ツイン壱岐坂102
TEL 03-3812-9420　FAX 03-3812-7262　振替00100-9-30776
E-mail：RXV11533@nifty,ne.jp
http://www.netlaputa.ne.jp/~ryokufu/
装　幀　渡辺美知子
制　作　ＲＦ企画、M企画
印　刷　太平印刷社
製　本　トキワ製本所　E2000

Keisuke AMAGASA© Printed in Japan　ISBN4-8461-9917-7　C0040

死の電流

ポール・ブローダー著　荻野晃也監訳、半谷尚子訳

四六判上製
四四〇頁
2800円

高圧線やVDTから発する電磁波はガン発生など健康への脅威だ――告発する科学者と隠蔽する米国政府・産業界との闘い。科学ジャーナリストが、電磁波の危険性を世界に先駆けて提唱した衝撃のノンフィクション。

ナショナル・トラストの誕生

グレアム・マーフィ著　四元忠博訳

A5判上製
二八四頁
5000円

イギリスの美しい山と森林、河川湖沼などの自然的景勝地と古城などの歴史的名勝を保護、公開しているナショナル・トラストとは何か。三人の創立者の生涯、その創立の理念と歴史を描いた初の書。貴重な写真も多数収録。

どう創る循環型社会
――ドイツの経験に学ぶ

川名英之著

四六判並製
二八〇頁
2000円

行政の無策によって日本のゴミ問題は深刻化し、ダイオキシン汚染が世界最悪の事態になっている。廃棄物政策先進国として循環型社会へと向かうドイツの政策に学びながら、循環型社会を日本でどう創るかを考える。

ダイオキシン汚染地帯
――所沢からの報告

横田一著

四六判並製
二〇四頁
1600円

全国一のダイオキシン汚染地帯となった東京のベッドタウン、所沢市一帯。産廃業者のゴミ焼却や清掃工場の煤煙が住民を襲う。流産・奇形児出産の多発、ガン死の増加など、所沢の現状をルポし、環境対策を提言する。

検証・ダイオキシン汚染

川名英之著

四六判並製
四〇八頁
2500円

史上最高・最悪の毒物といわれるダイオキシンは、発ガン性、催奇形性、生殖毒性、免疫毒性を持ち、健康被害を発生させる。しかし日本ではなんら対策をとっていない。本書はその現状を総括し、緊急対策を提言する。

◎緑風出版の本

■全国のどの書店でもご購入いただけます。
■店頭にない場合は、なるべく最寄りの書店を通じてご注文ください。
■表示価格には消費税が転嫁されます。

遺伝子組み換え食品の危険性
――クリティカル・サイエンス1
緑風出版編集部編

A5判並製
二二四頁
2200円

遺伝子組み換え作物の輸入が始まり、組み換え食品の安全性、表示問題、環境への影響をめぐって市民の不安が高まってる。シリーズ第一弾では関連資料も収録し、この問題を専門的立場で多角的に分析、その危険性を明らかにする。

ハイテク食品は危ない　増補版
プロブレムQ＆A
天笠啓祐著

A5変並製
一四二頁
1600円

遺伝子組み換え大豆などの輸入が始まった。またクローン牛、バイオ魚などハイテク技術による食品が食卓に増え続けている。しかし、安全性に問題はないのか。最新情報を増補し内容充実。遺伝子組み換え食品問題入門書。

生命操作事典
生命操作事典編集委員会編

A5判上製
四九六頁
4500円

脳死、臓器移植、出世前診断、ガンの遺伝子治療、クローン動物など、生や死が人為的に容易に操作される時代。我々の「生命」がどのように扱われるのか。医療、バイオ農業を中心に五〇項目余りをあげ、問題点を総括。

狂牛病
イギリスにおける歴史
リチャード・レーシー著　淵脇耕一訳

四六判上製
三一二頁
2200円

牛海綿状脳症という狂牛病の流行によって全英の牛に大被害がもたらされ、また人間にも感染することがわかり、人々を驚愕させた。本書は、まったく治療法のないこの狂牛病をわかりやすく詳しく解説した話題の力作である。